結び目のはなし

新装版

村上 斉
Murakami Hitoshi

日本評論社

まえがき

　この本は，高校生くらいの人を対象に，「結び目」とはどういうものか，また数学的にどう取り扱うかを説明した（つもりの）本です．理解しやすくしようといろいろ努力してみましたが，まだ分かりにくいところとか，逆に，分かっている人にとってはまわりくどいところもあるかと思います．

　僕としては，この本で「結び目」を研究することの面白さを分かってもらえればいいなと思っています．そして，もしこの本を読んで，「面白そうだから，結び目の研究がしてみたい」なんて考える人が現れたりしたら，これに勝る喜びはありません．

　この場を借りて，僕が仕事にのめり込みすぎるのを未然に防いでくれた娘，新しいアイデアが出るたびに，つまらない顔をしつつも聞いてくれた妻，原稿を丁寧に読んで多くの助言をしてくれた正岡弘照君，そして，この本を書くきっかけを与えていただき，また，原稿執筆中にもいろいろとお世話をしてくださった遊星社の西原昌幸氏に感謝します．

　　1990 年 4 月

村上　斉

新装版のまえがき

　本書の初版が発売されて 30 年以上たちます．長いですね．高校のときにこの本を読んでくれた人が，今は立派な数学者になっています．僕も 60 歳を超えました．

　発売元である遊星社の西原昌幸さんの引退に伴い廃版になるということだったのですが，日本評論社のご厚意により再発売されることになりました．

　遊星社版に加えて，新たに第 9 章を付け加えました．それから，2015 年に新版を発行しましたが，その遊星社の新版では割愛した「プロローグ」と「エピローグ」を復活させました．かなり古い話なので分からないところも多いでしょうから，初版執筆当時を思い出しながら注釈を書き加えてみました．

　指導要領の改訂に伴い，第 3 章と第 4 章の内容はほとんど高校で習うようになりました．自然数 p を法とする合同式が理解できている人なら，この 2 つの章を飛ばしても構いません．（わりと工夫して書いたので時間があったら読んでくれるとうれしいな．）また 46 ページに少し行列が現れますが，わからなくても影響はないと思います．

　西原昌幸さん，日本評論社の笘裕子さん，それから家族に感謝します．

　　2021 年 11 月

村上　斉

目次

1章　結び目とは ——————————————————————— 15

2章　同値変形と不変量 ——————————————————— 39

3章　合同式 ————————————————————————————— 51

4章　合同式を使った方程式 ————————————————— 75

5章　ライデマイスター移動 ————————————————— 93

本文イラスト = *kyo*

プロローグ

MEMORY 128KB OK

MEMORY 256KB OK

MEMORY 384KB OK

MEMORY 512KB OK

MEMORY 640KB OK

.

　昔，あるところにアルフガルド[1]という国がありました．

　長らく平和の続いたこの国に，今重大な危機が訪れています．今まで人々の見たこともないような凶悪なモンスター達が城のある町の周りをうろつき始めたのです．また，これは公にはされていませんが，城の中では王様が何者かに命をねらわれるという事件が，このところ何度か起こっています．モンスター達が町に入ることは何とか防いでいるものの，王様にもしものことがあれば警備兵の士気も落ち，この町の安全も保証されなくなるでしょう．

　王様は，自分の命をねらっているのが誰であるかよく分かっていました．それは，悲しいことに自分と血を分けた弟，ジュラルミン大公であることに間違いありません．ジュラルミン大公は，王様を亡き者にした後自分の息子のプラスチックを王位につけようとしているのです．

---

1) エニックス（今はスクエア・エニックス）のドラゴンクエスト初期 3 部作の舞台「アレフガルド」と，トルコ出身の数学者「Arf」を合体させたものです．Arf 氏の写真と，彼が発見した Arf 不変量の定義式は，10 トルコ・リラ紙幣で見ることができます．

　この国には，サファイア[2]という王子がいるのですが，王子を差し置いてプラスチックを王位につけようというのはどういうことでしょうか？　これには秘密があります．実はサファイアは女の子なのです！　なかなか子供に恵まれなかった王様にとって，すきあらば我が子を王位につけようとしているジュラルミン大公は悩みの種でした．ジュラルミン親子にこのアルフガルドを任せたのでは，人々が苦しむのは目に見えています．そこで，ようやくできた女の子サファイアを男の子として育てることにしたのです．この国では昔から男しか王位につけないと決められていたからです．

　そんなある日，王様がサファイアを自分の部屋に呼んで言いました．

　「おまえも薄々感じているように，ジュラルミン大公がわしの命をねらっている．モンスター共のことを考えると，これ以上わしの周りに警備兵を置くわけにもいかん．もしわしが死ぬようなことがあれば，おまえが王になるわけじゃが，あのジュラルミンのこと何とかしておまえが女であることを暴こうとするに違いない．

　そこで，おまえに頼みがあるのじゃ．この町の北の森の中に洞窟があるのじゃが，その奥には宝物が隠されておる．その中には"聖なる首飾り"と呼ばれる首飾りがあるはずじゃ．その"聖なる首飾り"を一人で取ってくることができたものは，どんなものでも王位につけることになっている．もしおまえがその首飾りを持ってくれば，女であるおまえも王になれるのじゃ．ただ，いまだかつて"聖なる首飾り"を持ってきたものはいない．洞窟の中には昔からモンスター共が住み着いておるからじゃ．

　おそらく今町の周りをうろついているモンスター共はその洞窟から出てきたのであろう．あのような凶悪なものの中に入っていけとは，我が子に死ににいけと言っているようなものじゃ．じゃが，今となってはあの首飾りに頼るしかない．このままでは，わしら親子はおろか，この国の人々にもどんな災いが降りかかるか分からぬ．

　どうじゃ，"聖なる首飾り"を持ってきて，この国を救ってはくれぬか？」

　苦しそうな表情で言う王様の目をじっと見つめていたサファイアは，やがて決

---

2)　もちろん，手塚治虫の名作「リボンの騎士」の主人公ですね．ジュラルミン大公やプラスチックも登場します．

心して言いました.

　「分かりましたお父様. このままジュラルミンやあのおぞましいモンスター共にやられてしまうのを黙って見ているわけにはいきません. 僕にできるかどうか分かりませんが, なんとしてでもその "聖なる首飾り" を持って帰ってきます. 」

　それを聞いて, 王様は喜びとも悲しみともつかない顔をしました. そして, 一本の立派な剣を差し出して言いました.

　「これは代々王家に伝えられてきた "MURAKAMI　BLADE！[3]" と呼ばれる剣じゃ. たいていのモンスターは一撃でやっつけられるじゃろう. 持っていきなさい. 情けない話じゃが, わしにはこれくらいしかしてやれぬ. 」

　"MURAKAMI　BLADE！" を手にしたサファイアは体中から力がみなぎってくるのを感じました.

　「ありがとうございます, お父様. この剣があればどんなモンスターに出会っても怖くありません. それではさっそく出かけてきます. 」

　そう言うとサファイアは, モンスター達の待ち受ける洞窟へと一人で向かったのでした.

　サファイアが, "聖なる首飾り" を取りに行ったようだという情報を知ったジュラルミン大公は, 「サファイアごときにあの首飾りを持ってくることができるとは思えん. モンスター共のえさになるのが落ちだろう. ただ, あの "MURAKAMI　BLADE！" が気になる. あの剣には邪悪なものを封じる力が宿っていると聞く. 万が一にも "聖なる首飾り" を持ってこられたのでは, わしのこれまでの苦労も水の泡だ. ここは, 今一度ザーマ[4]様にお願いするとしよう. 」と考え, 自分の部屋にこもると何やら呪文を唱え始めました.

　すると, ジュラルミンの前に黒い煙が立ち上ったかと思うと, みるみる人の姿をとり始めました.

　「なんだ, またおまえか. 何の用だ. モンスター共を洞窟の外に出してやっただけではまだ不満なのか？」

---

3) 妖刀・村正です. この名前は, Wizardry のレア・アイテム「MURAMASA BLADE!」から取りました. 村正をひっさげた Samurai や, 全裸の Ninja に出会ったら, 躊躇なく逃げましょう. Wizardry は当時 PC 版を ASCII が販売していました.

4) ドラゴンクエスト III のラスボス「＊＊＊」ですね.「落ちた」ときは本当にびっくりしました.

　黒い煙は見るも恐ろしい悪魔の姿に変わると，このように言いました．どうやら，ジュラルミンはこの悪魔に頼んでモンスター達を暴れさせたようです．

　「あっ，これはザーマ様．何度もお呼びたてして申し訳ありません．今一度あなた様のお力をお借りいたしたいと思いまして……．」

　「何じゃ．申してみよ．」

　「はい，実は……．」

　ジュラルミンは，サファイアが "聖なる首飾り" を取りに行ったこと，その首飾りを持ってこられると，息子を王位につけられなくなること，また，サファイアが "ＭＵＲＡＫＡＭＩ　ＢＬＡＤＥ！" を持っていることなどを話しました．

　「うむ．人間ごときにあの首飾りが取れるとは思えぬが， "ＭＵＲＡＫＡＭＩ　ＢＬＡＤＥ！" を持っているとなると話が違う．あの剣を持っているものには，さすがのわしも手が出せぬ．」

　「そこを何とかあなた様のお力で……．」

　「"聖なる首飾り" さえ手に入らなければよいのだな．わしに考えがある．まかせておけ．それよりも，今度は何をくれるのだ？」

　「はっ，今度は息子のプラスチックの魂ではいかがでしょう？」

　「まあよいだろう．では，ちょいと細工をしてくるか．」

　そう言い残すと，ザーマと呼ばれた悪魔はまた黒い煙になって消えていきました．

　「これで間違いなくプラスチックはこのアルフガルドの王になれる．そのためなら親子で悪魔に魂を売り渡すくらい大したことではなかろう．ふっ，ふっ，ふっ，ふっ．」

　何ということでしょう．ジュラルミンは自分の魂だけでなく息子の魂まで悪魔に売り渡してしまったのです．

　サファイアが見違えるほどたくましい姿で帰ってきたのは，３か月以上もたったある日でした．

　「お父様，ただいま帰りました．」

　「おおサファイア，無事であったか．どうじゃ， "聖なる首飾り" は手に入ったか．」

「はい，手に入れることは入れたのですが……．」

サファイアは困惑した顔で言いました．

「どれ，見せてくれ．」

サファイアは王様の前に“聖なる首飾り”を差し出しました．

「おお，これは何としたことじゃ．」

王様は叫びました．それもそのはずです．王様の前にあるのは，結び目のできてしまった首飾りなのです．

「僕が宝箱を開けたときからこんなふうになっていたのです．でも，どうやって結んだんでしょう．」

「いくら“聖なる首飾り”とはいえ，こんなになってしまったのでは，おまえを王位につかせる役には立たないだろう．なんとかしてこの結び目をほどくわけにはいかないだろうか？」

その翌日，城下町には次のようなおふれが出されました．

> 首飾りの結び目をほどいたものには、
> なんでも望みのものを与える。

あなたは今，このおふれを見ています．

「なんでも望みのものか．結び目をほどく，なんていうのも世界一の冒険

家⁵⁾をめざす俺にとっては，絶好のおもしろそうな条件だ．よし，いっちょうやってやろう．」

　これからあなたは，"聖なる首飾り"をほどく方法を見つける旅に出るのです．

　城下町を少し歩くと，道具屋が目に入りました．

　「まず，いろいろアイテムを買いそろえるところから，冒険ってのは始まるんだよな．とりあえず入ってみるか．まだ魔法は使えないだろうから，薬草はいくつかいるだろうし，できれば，キマイラの翼⁶⁾も欲しいしな．」

　よく分からないことをぶつぶつとつぶやきながら，あなたは道具屋に入りました．

　「いらっしゃい．何か買うのかい．（Ｙ／Ｎ）⁷⁾」

　どうして話の最後に（Ｙ／Ｎ）というのがついているのかよく分かりませんが，とにかく店の中をのぞいてみることにしましょう．

　「おや，珍しい本が置いてあるぞ．なになに"結び目のはなし"か．著者の村上斉って聞いたことないなあ．首飾りの結び目をほどくのが目的なんだから，関係がありそうだぞ．えーっと値段は，1000ティラ⁸⁾か．今持っているお金を全部出せば買えるな．でも，これを買っちゃうと薬草は買えないし，武器や防具も全部買えなくなるぞ．ちゃんと装備しないと町の外には出してもらえないだろうし……．

　そうだ．とりあえず，買ってみて，だめだったら，リセットすればいいや．ひょっとすると，本を読みながら歩き回るだけでパラメーターが上がったりして⁹⁾．

---

5) わかりにくいですが，アドル・クリスティンが目指したのがこれです．日本ファルコムのアクションRPG イース・シリーズの主人公ですね．ドラゴンクエストもそうですが，イース・シリーズはいまだに続編が出ています．
6) ドラゴンクエスト・シリーズの「キメラのつばさ」です．
7) このころのコンピュータ・ゲームでは，キーボードから Y か N を入力して意思決定をすることが多かったのです．
8) ポプコムソフトのゲーム「サバッシュ」に出てくる通貨単位です．確かセーブするのにもお金がいるというとんでもないゲームでした．でも面白かったなあ．
9) これは，リバーヒルソフトのゲーム「BURAI」ですね．上巻，下巻に分かれている大容量（当時比）のゲームで，本を読みながら歩くと新しい技を覚えるというシステムでした．「BURAI」なんて知らないよ，という人もキャラクターデザインに荒木伸吾が加わっているので，アニメ版「聖闘士星矢」みたいな絵柄を想像してください．

すいません. この "結び目のはなし" っていう本ください.」

「はい, **1000** ティラいただきます. ほかに用事はありますか？（Ｙ／Ｎ）」

どうもこの店の主人は, 話の終わりに（Ｙ／Ｎ）をつけるのが癖のようです. それはともかく, "結び目のはなし" という本を買ったあなたは, 本を読みながらしばらく歩き回ることにしました.

はじめに

　私たちの日常生活のなかで,「結ぶ」ということは意外なほど多く使われています. 実用的なものでは, 結びこぶを作ってひもが抜けないようにする(裁縫のときなど), ひも同士をつないで長くする, 逆にひもを短くする, ひもで物をくくる(荷造りをするときなど. また, 靴ひもや風呂敷もこの一種でしょう), ひもを他のものにつなぐ(釣り針をくくりつけるときなど), …… があります. また, 装飾用としても, ネクタイ, リボン, 水引, 紋章などで使われています.

　このように「結ぶ」という技術は, 相当古い時代から人間の生活とはそれこそ切っても切れない(ほどいてもほどけない?)ものとなっています. また,「結婚」「結納」,「(大相撲の) 結びの一番」のように, 慣用句としてもよく使われています. 船の速さを表す「ノット」というのは, 英語で「結ぶ」あるいは「結び目」のことを表す "knot" から来ています. (昔は, 速さを計る目安として, ロープにつけた結び目を使っていたそうです.)

　代表的な結び目をいくつか挙げておきましょう. ただし, ここに挙げているのは 1 本のひもを使った結び目ですから, ひもを 2 本つなぐための結び目や, ひもを他のものとつなぐための結び目は含まれていません.

結びこぶを作る

ひとえ結び　　　　　　　　8 の字結び

ひもの長さを調節する

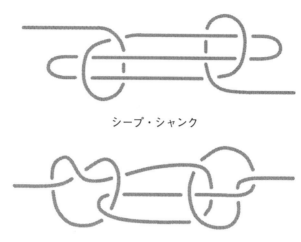

シープ・シャンク

ショートニング・パッシング・スリーノット

装飾用

あわび結び　　　　　けまん結び

ひもの両端をつなぐ

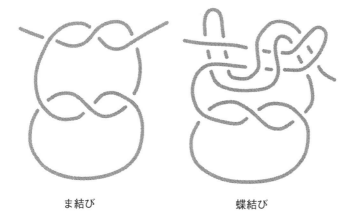

ま結び　　　　　　　蝶結び

1章

結び目とは

　日常生活でよく使われる結び目を数学的に取り扱うには，どうしたらよいでしょうか．この章では，結び目を数学の対象としてとらえる方法を説明します．

1●ひも結びから結び目へ

　いろいろな結び目があることは分かりましたが，では，この「結び目ができている」状態と，そうでない状態つまり「結び目のほどけた」状態というのはどう違うのでしょうか？

　いちばん簡単で，なじみの深い結び目は11ページで挙げたひとえ結びでしょう．

　これを見て結び目ができていると考えるのは自然なことですが，では次のような場合はどうでしょう．

　ひもの端が少ししか出ていませんから，ちょっと振っただけでほどけてしまい
そうです．また次の図のように，両端を持って引っ張ればほどけてしまうような
結び方もあります．

これは結び目になっていないのかというと，次のように上の部分に釘とか棒を
引っ掛ければ，立派に"結ぶ"という役目は果たします．

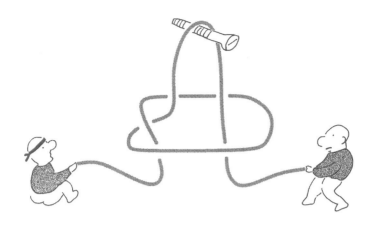

　このように考えると，「結び目ができている」状態と，そうでない状態は，どこで区別すればよいのか分からなくなります．そこで，数学的に，はっきりと結び目を定義するにはどうすればよいかを少し考えてみましょう．

　靴ひもを例に取ってみます．僕の靴ひもは，だいたい次のページの図 A のように結ばれています．この結び方は，13 ページにある蝶結びですが，「ほどきやすい」結び方としてよく使われます．

　また，図 B はま結びですが，いったん結んでしまうと「なかなかほどけない」結び方です．

　この 2 つの結び方は，経験から言って，どうも違う結び目のようです．話を簡単にするために 2 つの結び目とも，最初に結ぶ部分を考えないことにします．つまり，19 ページの図のような 2 つの結び目を考えてみましょう．

　上の方（図 A′）はひもの両端を持って引っ張ると，ほどけてしまいます．ところが，下の方（図 B′）はいくら引っ張ってもほどけないどころか，逆に引っ張れば引っ張るほど固く結びついてほどきにくくなります．では引っ張るのが悪いのかというとそうでもなく，ひもの両端を持ったままだと，いくらゆるめてみても，手をどのように曲げてみても，決してほどけないのです．

　ここで，ひもの両端を持ったままということに注意してください．ひもの両端を離してよいのなら，（ほどきやすさは違いますが）上の結び目も下の結び目もほどくことは可能です．毛糸がいくらもつれても，根気よくやれば必ずほどける

図 A

図 B

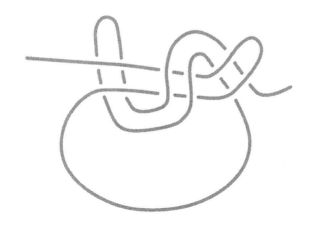

図 A′

図 B′

のと同じです．そこで，ひもの両端を持った状態を考えてみると，次のページの
図 A″ のようになります．

　この図の破線で描いた部分は，人間を表しています．ひものつながり方だけを
考えると，人間もひもの一部のように考えてよいのでこのように表しました．そ
うすると，話はだいぶ分かりやすくなります．この 2 つの輪(わ)が同じかどうかを調
べればよさそうです．ひもを切らずに，図 A″ の輪は 21 ページの上図のような
きれいな円周にすることができます．一方，図 B″ の方の輪は，どう見てもきれ
いな円周にはできそうもありません．

　そこで，ひもを切らないかぎりきれいな円周にはできないような輪のことを
「ほどけない結び目」と呼んではどうでしょうか．このようにすると，あいまい

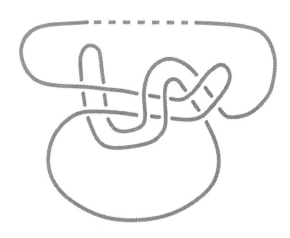

図 A″

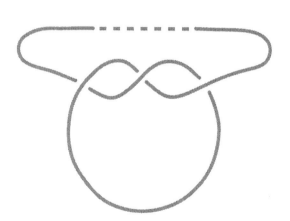

図 B″

きれいな円周

　さはだいぶなくなります．まだ，「ひもを切らないかぎり」，「きれいな円周」など
といった数学らしくない表現もありますが，あるていど直観的な表現は許しても
らうとして，とりあえず，ほどけないとはどういうことかがはっきりしたことに
なります．

2●結び目を定義しよう

　この節では，前の節で説明したことを整理してみましょう．
　前の節で説明したように，(両端のある)ひもでなく輪を考えると，ほどけない
という概念がはっきりしました．そこで，これからは空間の中にある輪のことを
結び目ということにしましょう．普通，輪というときれいな円周のようになって
いることを想像してしまいますが，ここでいう輪はひもでできているため，次
のようにひねくれていたり，一見したところほどけないようになっていたりし
ます．

　そして，「輪を空間の中でどのように（輪を切らないように）動かしても，きれ
いな円周にできないような結び目」をほどけない結び目と呼びます．もっと一般
に，「空間の中で動かして同じ形にできる結び目」は同値な結び目であるといい
ます．ただし，ここでいう「同じ形」というのは，大きさを無視して考えたもの

です．大きさは違っても形が同じものを相似というのと同じような考えです．同値な結び目という言葉を使うと，きれいな円周と同値でない結び目のことをほどけない結び目ということになります．

　ここで，少し同値な結び目の例を挙げてみましょう．

　まず，次の結び目はいずれもきれいな円周と同値です（つまり，ほどけるのです）．

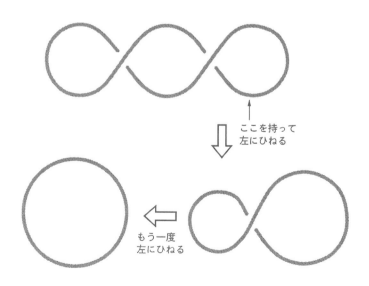

ここを持って
左にひねる

もう一度
左にひねる

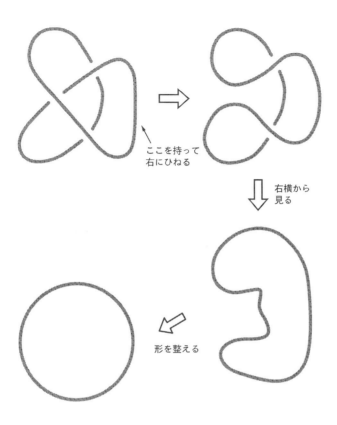

また，次の2つの結び目は互いに同値です．

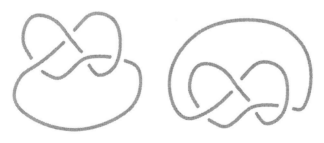

（8の字結びを下で
　つないでできる結び目）　　　　（8の字結びを上で
　　　　　　　　　　　　　　　　　つないでできる結び目）

それは，次のようにひもを動かすことによって分かります．

ここをつまんで
持ち上げる

　また，次の2つも同値な結び目です．どうしてかはみなさんで考えてみてください．（答えは第5章に書いてあります．）

3●結び目を描いてみよう

　この節では，結び目を紙（平面）の上にどのように表現するかを説明します．改めて説明するほどのことでもなく，すでに使っている方法なのですが，まあ一度読んでみてください．

　空間の中にある輪のことを結び目と呼んだのですが，空間をそのまま紙の上に表現できるわけはないので，結び目を描こうとすると多少の工夫をしなければなりません．すでにこの本でも使っているように，ある角度から見た図で表現するのがいちばんよい方法でしょう．輪が重なって見える部分は下の方を省略するというのも，いまさら説明するほどのこともないでしょう．また，次ページの上図のように，輪の重なる部分が接していたり，3重以上に重なったりしては，まぎらわしくて困ります．ですから，こういう描き方はしないことにします．

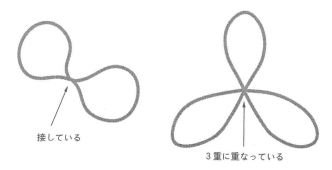

接している

3重に重なっている

　ここで注意しなければならないのは，厳密に言うと，図から結び目を完全に正確には再現できないということです．結び目の定義をしてしまった今になっていい加減な話ですが，同じ図から再現される結び目はまったく同じというわけではありません．もう少し詳しく説明しましょう．

　たとえば，次のようなきれいな円周で表された結び目があったとしましょう．

　普通の人は（なにが普通なのか分かりませんが）結び目の方もきれいな輪になっていると思うでしょう．ところが，あまのじゃくな人（こんな本を読んでいる人はこちらの方が普通かもしれない）は，次のような輪をある方向から見た図だと思うかもしれません．

平面上の図にしてしまうと高さがまるで分からなくなってしまいますから，このようなあいまいさが出てくるのです．しかし，上の図のような輪は，高さを適当に調節すれば一つの平面の上に乗ったきれいな輪に直すことができます．同じように，ほどけない輪についても，同じ図で表された結び目であれば高さを調節してまったく同じにすることができます．ですから，空間内の結び目を平面上の図として描いても不都合は生じないわけです．そんなわけで，これから空間内の結び目を平面の上で表したものを，**結び目の射影図**と呼ぶことにします．

4 ●結び目は一体いくつあるのでしょう

前の節で説明したように，結び目は射影図として表すことができます．同じ結び目でもいろいろな射影図で表すことができますが，そのうちで交点の個数がいちばん少ないものを，**最少交点数をもつ結び目の射影図**と呼びます．また，そのときの交点数のことをその結び目の**最少交点数**，あるいは単に**交点数**と呼びます．

たとえば，交点数が 1 の結び目を全部あげようと思えば，次のようにします．まず，交点をひとつ描きます．

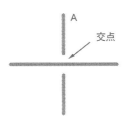

次に交点の端の点 A をひとつ選んで，そこから他の端の点へ交わらないように線でつないでいきます．次の3通りの場合が考えられます．

　そのとき，上の左端のようにしてしまうと，もう結び目の射影図にはなりません（輪がすでに 1 つできているので，これからどのようにつないでみても 2 つ以上の輪になってしまいます）．ですから，真ん中と右端の図だけを考えればいいことになります．この 2 つからできる結び目の射影図は次のようになり，どちらもほどける結び目です．ほどける結び目の交点数は当然 0 ですから，交点数がちょうど 1 の結び目は存在しないことが分かります．

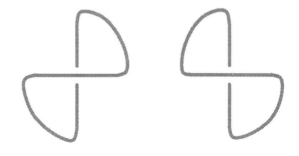

　次は，交点数が 2 の結び目を全部あげてみましょう．これも同じようにして，最初に交点を 2 つ描いておいてから，結び目の射影図を作っていきます．

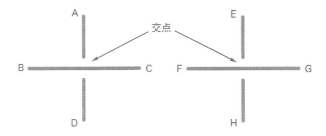

交点の端の点 A から始めて，他の端の点とつないでいくのですが，今度は先ほどより少し工夫をしてみましょう．

　まず，最初に D とつなぐと，交点が 1 つの場合と同じように，輪が 2 つ以上できてしまってよくありません．また，B や C とつなぐと次の図のようになって，交点の数を 1 つ減らすことができます．つまり，B や C と最初につないだのでは交点数がちょうど 2 の結び目はできないことになります．

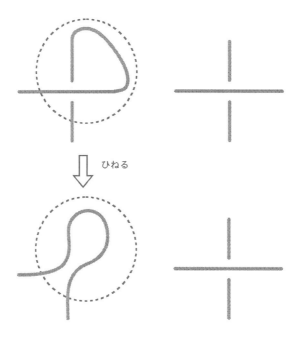

ひねる

　ですから，交点数が 2 の結び目を作るには，A と E, F, G, H のうちのどれ
かとをつながなければなりません．ここで，E とつないだ図と H とつないだ図
とを比べてみましょう．

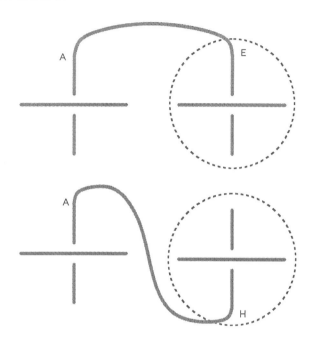

　E とつないだ図の，右の交点の部分（円で囲ったところ）を 180 度左に回転さ
せると，H とつないだ図と同じになります．上の図では射影図の他の部分はまだ
描き入れていませんが，A を最初に E につないだとしても H につないだとして
も，できる結び目射影図は同じ結び目を表すことになるのです．同様にして，F
とつないでも G とつないでもできる結び目射影図は同じ結び目を表します．で
すから，A と最初につなぐ点は E か F のどちらかであるとしてよいわけです．
　ここまでで，次の 2 通りの場合が考えられることになります．

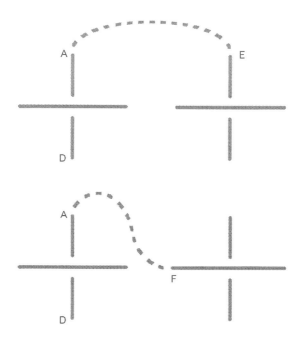

今度は D から始めて同じように考えると，交点数がちょうど 2 の結び目の射影図を作るには，次のページの 4 通りの場合を考えればよいことになります．

ところが，次のように考えてみると，この 4 つのどの図からも（交点を増やさずには）結び目の射影図は作れないことが分かります．たとえば，いちばん最初の図を考えてみます．33 ページの上の図で斜線を引いた部分には交点の端の点が 1 つしかありませんから，この点と他の交点の端の点をつなぐことはできません（つなぐと交点の数が増えてしまいますから）．

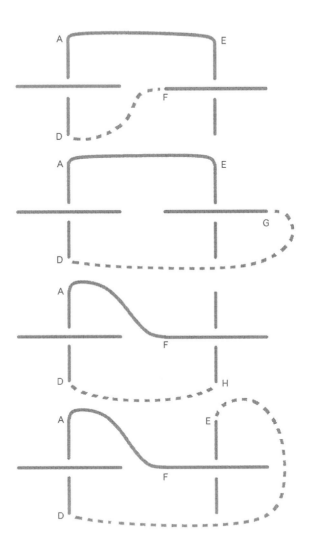

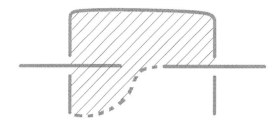

　同じように2番目の図では，次のように斜線を引いた部分にある交点の端の点は3個（奇数）ですから，どのようにつないでも1つは交点の端の点が余ってしまいます．

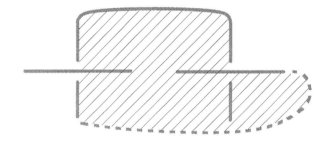

　他の図についてもまったく同じ考え方で，結び目の射影図は作れないことが分かります．これで，交点数がちょうど2の結び目はないことが分かりました．

　次は，交点の数がちょうど3の結び目の射影図を考えてみましょう．いままで説明したことを使うと，次の8通りの結び目射影図を考えればよいことになります．（みなさんでやってみてください．）

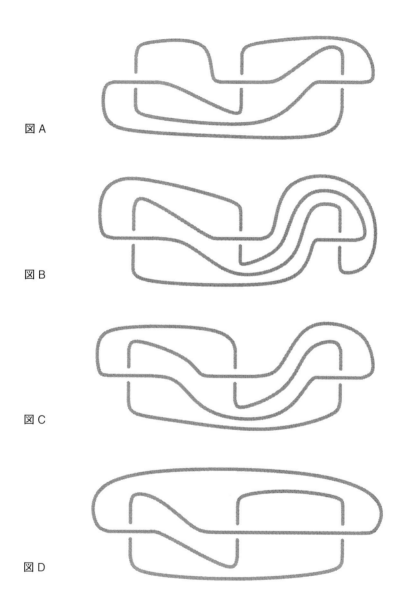

図 A

図 B

図 C

図 D

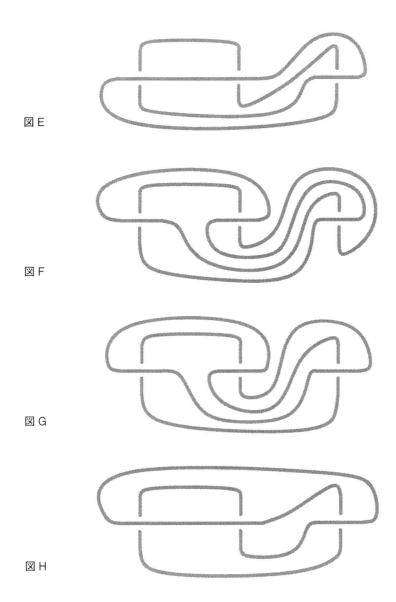

図 E

図 F

図 G

図 H

　図 C, D, E, F, G, H はすべてほどける結び目を表しています (確かめてください). また, 図 A, B で表された結び目は, それぞれ次の結び目と同値です.

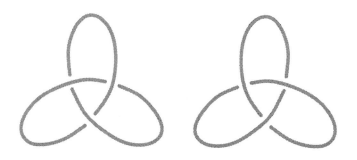

　この 2 つの結び目はともにひとえ結びと同じですが, 違った結び目です(つまり同値ではありません). (この本ではその証明を与えることはできませんが, 110ページのコラムにもう少し詳しいことが書いてあります.)

　同じようにすると, 交点数が 4 の結び目は

の 1 つしかないことが分かります.

　このようにして, 現在, 交点数が 13 以下の結び目はすべて知られています. 次の表にその数を示してあります.

交点数	0	1	2	3	4	5	6	7	8	9	10	11	12	13
その数	1	0	0	1	1	2	3	7	21	49	165	552	2176	9988

　ただし，この表では交点数が 3 の結び目の例のように，互いに鏡に映して一致するものは 1 つに数えています．また，次のページのように 2 つの結び目から合成される結び目は，数えていません．

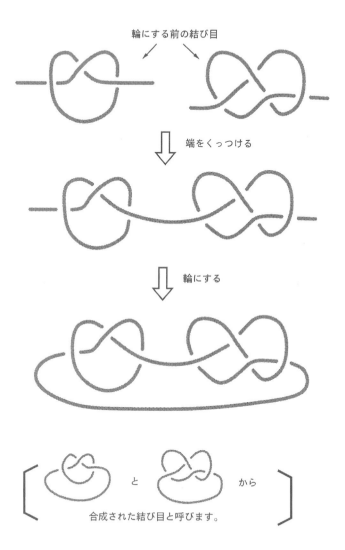

輪にする前の結び目

端をくっつける

輪にする

と　　　　　　から

合成された結び目と呼びます。

2章

同値変形と不変量

この章では，結び目に限らず，一般に「同値」や「不変量」について解説します．あまり難しく考えすぎずに，言葉遣いだけを理解すればよいでしょう．

よく「A でも B でも同じだ」などと言いますが，これは考えてみるとよく分からない言い方です．これを数学らしく厳密に言うと「A と B は別のものではあるが，いま考えている問題に対しては，同一の条件をもっているから同じであるとみなす」となります．この「同一の条件」というのは普通は話の内容から理解できるのですが，それをきちんと言っておかなければならないときもあります．特に，数学では「何を同じとみなすか？」によって話がまったく変わってきますから，「同じ」を定義しなければなりません．

1● 「同値」とは？

ある集合（ものの集まり）の中の要素がいくつかのグループにはっきり分類されているとします．このとき，その集合に同値関係が与えられたといい，同じグループに属するものは互いに同値であると呼びます．そして，その属するグループのことを同値類ともいいます．（同値という言葉はすでに第 1 章で出てきました．）

たとえば，集合としてトランプのカード全部（ジョーカーを除く 52 枚）を考えましょう．それぞれのカードには 1 から 13 までの番号（エースは 1，ジャックは 11，クイーンは 12，キングは 13 です）と，ハート，スペード，ダイヤ，ク

ラブの 4 種類のマーク（正式に何と言うのか知りません）がついています.

　この一組のトランプをグループに分ける方法はいろいろありますが，次のようなものが考えられます.

　(i) マークによって分ける. ——つまり，同じマークのついたカードはすべて互いに同値ということになります.

　(ii) 数字によって分ける. ——つまり，同じ数字のついたカードはすべて互いに同値ということになります.

　(iii) ハートのエース（"1"）とそれ以外に分ける. ——つまり，ハートのエース以外はすべて互いに同値（ハートのエースと同値なものはそれ自身だけ）ということになります.

　「ポーカー」をやっていて，フラッシュという組み合わせ（同じマークを 5 枚集める）をねらっている人は，(i) の同値関係でカードを見ていることでしょう. 同じ「ポーカー」でもハートのロイヤル・ストレート・フラッシュ（10，ジャック，クイーン，キング，エースを集める）をねらっていて，ハートのエースだけがそろっていない人にとっては，ハートのエース以外はすべて "同じ" ですから，(iii) の同値関係でカードを見ていることになります. 「神経衰弱」をやっているときは，(ii) の同値関係でしかカードを見ていません.

　このようにトランプの使い方によっては，必ずしもカードのすべての情報はいらないことがよくあります．こういったときに同値類の考えが自然に出てくるのです．

　同じ同値類に属するものに共通する性質（量といってもよいでしょう）のことを，その同値関係の**不変量**と呼びます．

　上で挙げたトランプのカードにおける同値関係に対しては，どのような不変量が考えられるでしょう．次に挙げたものは各カードがもっている性質（量）ですが，どの同値関係に対して不変量になっているでしょうか．

(a) カードの数字

(b) カードのマーク

(c) カードが赤（ハート，ダイヤ）か黒（スペード，クラブ）か

(d) カードが絵札（ジャック，クイーン，キング）か字札か

　(a) は，(ii) の同値関係では不変量になりますが，(i), (iii) では不変量になりません．それは，同じ "3" という性質をもつカードでも，違うマークであれば (i) の同値関係で同値ではありませんし，ハートのエースとクラブのエースでは同じ "1" という性質をもっていても (iii) の同値関係で同値ではないからです．

　同じように考えると (b) は，(i) の同値関係では不変量になりますが，(ii), (iii) では不変量になりません．また，(c) は (i) でのみ不変量になり，(d) は (ii) でのみ不変量になります．

　こういった不変量は，次のような場合に使われています．先ほどの「ポーカー」でスペードのフラッシュをねらっている人は，配られたカードを見て，赤であれば「ああだめだ！」と思うでしょう．これは，(c) が (i) で定められた同値関係の不変量だからです．また，「神経衰弱」で最初に "5" をめくった人が，次にめくったカードに絵が描いてあれば，すぐに裏返してしまうかもしれません．これは，(d) が (ii) で定められた同値関係の不変量だからです．いちいちこんなことを考えながらトランプをする人もいないでしょうが，普段の生活でも不変量という考え方を自然にしているということを言いたかったわけです．

　上の例でも分かるように，不変量を使うと，2 つのものが同値かどうかを判定

するのに便利なことがよくあります.

　数学でも "同値" という言葉を何度も聞いたことがあるはずです.

　中学や高校で，先生から「方程式を変形するときには "同値変形" かどうかに
注意しなさい」と言われたことがあるでしょう. たとえば,

$$2(x+1)(x+2) = 0 \quad \cdots (1)$$

という方程式の両辺を 2 で割って

$$(x+1)(x+2) = 0 \quad \cdots (2)$$

にするのは同値変形ですが, (1) の両辺を $(x+2)$ で割って

$$2(x+1) = 0 \quad \cdots (3)$$

にするのは同値変形ではありません. 実際, (1), (2) の解はともに -1 と -2 で
あるのに対し, (3) の解は -1 だけになってしまうからです. これは, $(x+2)$ と
いう 0 になるかもしれない式で割ってしまったことにより, 同値関係がくずれて
しまったからです.

　ここで言っている同値関係とは何でしょうか？ 前に説明したような同値関係
とは少し違っています. トランプの例などではまずグループ分けがあって, それ
を使って同値関係を定義しましたが, 方程式の例では, 逆に最初に何と何を同値
とするかということを決めているのです. つまり, 次の同値変形と呼ばれるもの
で変形したときに, もとの式と変形した後の式は同値だと決めているのです.

方程式の同値変形 $\left\{ \begin{array}{l} \text{(i)} \quad \text{両辺に同じ数（式）を加える} \\ \text{(ii)} \quad \text{両辺に 0 でない数を掛ける} \end{array} \right.$

　この考えをもっと一般に使ってみましょう. ある集合の中で, **同値変形**と呼ば
れる, 一つの要素から他の要素への対応づけが与えられていたとします. そして,
同値変形によって得られたものを, もとのものと互いに**同値**であるといいましょ
う.（同値変形を繰り返して得られたものも, もとのものと互いに同値であると
します.） こうして, 互いに同値かどうか（同値変形によって移り合うかどうか）
によって, その集合がいくつかのグループに分けられます. つまり, 同値変形が
与えられると, その集合に同値関係が与えられたことになります. また, 同値な

ものの集まりを同値類と呼ぶのは，この章の最初に説明したのと同じです．

　第1章で定義した結び目の同値も，この同値変形という考えを使うと分かりやすくなります．つまり，空間内の結び目全体の集合に対して，「結び目を切らないように動かす」と「拡大したり縮小したりする」とを同値変形と考えたときの，同値関係を考えているのです．すなわち，

$$\text{結び目の同値変形}\begin{cases}\text{(i)} & \text{結び目を切らないように動かす} \\ \text{(ii)} & \text{拡大・縮小}\end{cases}$$

　同値変形の定める同値関係の不変量というのは，先ほどと同じように同値類に共通な性質（量）のことなのですが，この場合は次のように言い換えることができます．

同値変形で変わらない性質（量）が不変量

　同値なものであれば同値変形で移り合えるのですから，上のことが言えます．これは同値変形の定める同値関係の不変量を見つける上で非常に便利なものです．

　抽象的な話はこれくらいにして，次の2つの節で同値変形とそれが定める同値関係の不変量についてもっと具体的に説明しましょう．

2●方程式の同値変形とその不変量を考えよう

　前の節で説明したように，方程式の同値変形として次の2つを考えます．

$$\text{方程式の同値変形}\begin{cases}\text{(i)} & \text{両辺に同じ数（式）を加える} \\ \text{(ii)} & \text{両辺に0でない数を掛ける}\end{cases}$$

つまり，これら2つの変形を施して得られる方程式は，もとの方程式と同値というわけです．

　まず1次方程式全体の集合において，上の同値関係について考えましょう．

$$ax + b = 0 \qquad (a \neq 0) \qquad \cdots (1)$$

この方程式の解は $x = -\frac{b}{a}$ です. 方程式の解は, この同値関係の不変量のひとつです. 当たり前のことですが, 証明してみましょう.

まず, (i) の変形で解が変わらないことを示します. (1) の両辺に c (数でも式でもよい) を加えると,

$$ax + b + c = c$$

この方程式の解は $x = -\frac{b}{a}$ ですから, 確かに変わっていません.

次に, (ii) の変形で解が変わらないことを示します. (1) の両辺に $d\ (\neq 0)$ を掛けると,

$$dax + db = 0$$

$da \neq 0$ ですから, この方程式の解は $x = -\frac{b}{a}$ となり, これも変わっていません.

以上のことから, 1 次方程式の集合において上のような同値関係を考えると, 解は不変量のひとつです.

1 次方程式では解が不変量！

また, $-\frac{b}{a}$ という解をもつ 1 次方程式は, すべて (1) と同値になることもすぐに分かります. このように, 1 次方程式では解というのは不変量であるだけでなく, 同値かどうかを完全に判定してしまう量なのです. このような, 同値かどうかを完全に判定できる不変量のことを**完全な不変量**と呼びましょう.

次に 2 次方程式全体の集合において, 上のような同値関係を考えましょう. この場合も, 解 (の集合) はひとつの不変量です. また, 2 次方程式でも α, β を解にもつ方程式は $x^2 - (\alpha+\beta)x + \alpha\beta = 0$ に同値になります. つまり, 解 (の集合) は 1 次方程式と同じく完全な不変量です. これはこれでよいのですが, 2 次方程式にはもっと便利で重要な (完全ではありませんが) 不変量があります. 判別式

の符号がそれです.（ただし，0 の符号は 0 というように定めます.） 2 次方程式

$$ax^2 + bx + c = 0 \qquad (a \neq 0)$$

の判別式は $b^2 - 4ac$ で定義されましたから，このままでは不変量になりません.（実際，この方程式の両辺を t 倍 $(t \neq 0)$ すると判別式は t^2 倍されます.）しかし，その符号は変わりませんから，不変量になります.しかも，この符号の正，0，負に応じて，この 2 次方程式は 2 つの異なる実数解，重解，2 つの異なる実数でない複素数解をもちます.また，解を実際に求めるのとは違って，そうとう簡単に求めることができます.

2 次方程式では判別式の符号も不変量ね！

最後に，連立 2 元 1 次方程式全体の集合について考えましょう.ただし，この場合の同値変形は，先ほど述べた 1 元方程式の同値変形に次の変形を加えたものです.

(iii) 2 つの方程式の和をとり，その結果ともとの方程式のどちらか一方とを新たな連立方程式とする.

連立方程式の場合は解があったりなかったりしますので，1 元方程式のように解そのものを不変量にするわけにはいきません.しかし，x と y に関する連立方程式

$$\begin{cases} ax + by = p \\ cx + dy = q \end{cases}$$

に対して，$ad - bc$ が 0 かそうでないかというのは重要な不変量です.実際にこれが不変量になっていることを確かめるのは，みなさんへの宿題にしましょう.

上の連立方程式を

$$\begin{pmatrix} a & b \\ c & d \end{pmatrix}\begin{pmatrix} x \\ y \end{pmatrix} = \begin{pmatrix} p \\ q \end{pmatrix}$$

と表せば分かるように，$ad - bc$ が 0 でないとき（行列 $\begin{pmatrix} a & b \\ c & d \end{pmatrix}$ が逆行列をもつとき）は上の連立方程式はただ一組の解をもち，0 のときは解をもたないか，またはすべての実数を解にもつというように，この量は方程式の特性をよく表しています．

　2 次方程式や連立方程式の例のように，完全な不変量ではありませんが，その同値類の性質をよく反映している不変量というのは使い方によっては便利なものです．

3 ●平面図形の同値変形とその不変量を考えよう

　前の節で見たもののほかに，平面図形についても同値変形や不変量を考えることができます．

　中学校で習った平面図形の話を思いだしてみましょう．平面上の 2 つの図形は，適当に移動させてぴったりと重ね合わせることができるとき，合同であるといいました．このぴったりと重ね合わせるために必要な変形（すなわち，「平行移動」，「回転移動」，「裏返し」）を同値変形とすると，合同なものは互いにこれらの同値変形を施して得られますから同値になります．

　この同値変形のことを合同変形と呼び，合同変形（の定める同値関係）における同値類を合同類と呼ぶことにしましょう．そして，たとえば線分の長さ，角度などは合同変形によって変わりませんから，不変量になります．（次ページ）

　同じ中学校で習う幾何でも，少し違った同値関係を習ったのですが，分かるでしょうか？　それは，相似です．2 つの図形が，拡大・縮小して（それに上で定義した合同変形を施して）重なり合うとき，それらの図形は相似であるといったのでした．合同変形に拡大・縮小を加えたものを同値変形とみなしたときに同値なものが相似というわけです．この同値変形，同値類をそれぞれ，相似変形，相似類と呼ぶことにしましょう．

　では，相似類の不変量にはどんなものがあるでしょうか．角度はそのひとつで

すが，線分の長さは不変量ではありません．このように，考えている対象は同じ
平面図形でも，違う同値変形を考えると不変量になったりならなかったりします．

$$
\text{合同変形}
\left\{
\begin{array}{l}
\text{平行移動} \\
\text{回転移動} \\
\text{裏返し}
\end{array}
\right.
$$

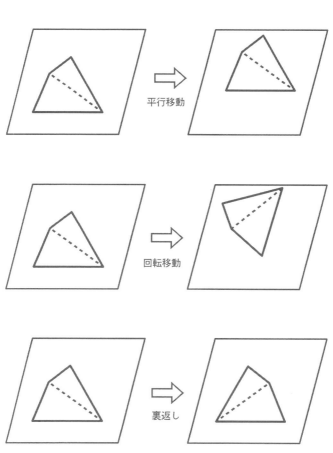

相似変形 { 平行移動
　　　　　回転移動
　　　　　裏返し
　　　　　拡大・縮小

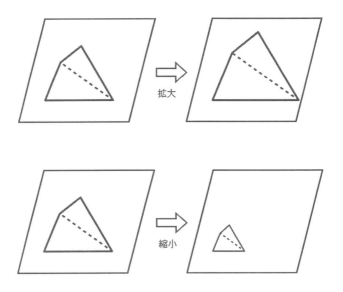

　次に，上で考えた2つの同値関係によって図形がどのように分類されるかを考えましょう．話を簡単にするために，考える対象を三角形全体に限定してみましょう．三角形全体を合同類に分類すると，どうなるでしょうか？　三角形の合同条件として，次の3つがあったのを覚えているはずです．

（ i ）3辺の長さが等しい

（ii）2辺の長さとその2辺のはさむ角の大きさが等しい

（iii）2角の大きさとその2角間の辺の長さが等しい

　上の3つのうちどれかが成り立てば，2つの三角形は合同になるのでした．また，2つの三角形が合同であれば，とうぜん上の3つの条件はみたされますから，

（ I ）3 辺の長さ

（ II ）2 辺の長さとその 2 辺のはさむ角の大きさ

（ III ）2 角の大きさとその 2 角間の辺の長さ

は合同類の不変量であることも分かります．これらの量のうち 1 つが等しい三角
形は互いに合同ですから，これらの量はすべて完全な不変量です．つまり，

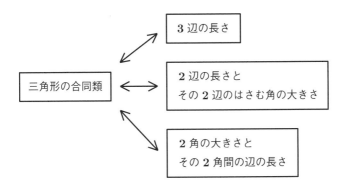

となって，三角形の合同類はたとえば 3 辺の長さ a, b, c という 3 つの数値によっ
て完全に分類されたことになります．

　同じことを今度は三角形の相似類について考えてみましょう．この場合も，次
の図のように完全な不変量が知られています．

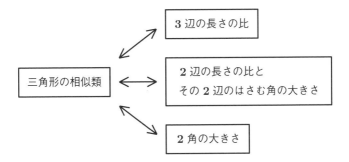

　今度は，たとえば 2 角の大きさという 2 つの数値によって三角形の相似類は完
全に分類されます．（3 辺の比も 2 つの数値によって表すことができます．つま

り，3 辺の比が $a : b : c\ (a \neq 0, b \neq 0, c \neq 0)$ で与えられれば，$\dfrac{a}{c}, \dfrac{b}{c}$ をその 2 つの数値にとればよいわけです．2 辺の長さの比とその 2 辺のはさむ角の大きさも，同様に 2 つの数値で表すことができます．)

　三角形の合同類，相似類のようにとらえどころのないものを"数値の組"というよく分かる量で完全に記述できるというのは便利なことです．

　結び目に対しても，このように数値で表される不変量を定義するのが，この本の目的です．三角形の場合のように完全に分類するのには程遠いのですが，少なくともいくつかの結び目が本当にほどけないことを示すことのできる不変量です．

3章

合同式

　この章では，（整数の）合同ということについて説明しましょう．これはこの本全体を通じて非常に大事な考え方ですから，よく理解しておいてください.

1●合同式ってなんでしょう？

　p を 2 以上の整数とします．整数 a と b に対して $a-b$ が p で割り切れるとき，a と b は p を法として合同であるといい，

$$a \equiv b \quad (\mathrm{mod}\ p)$$

と書きます．たとえば $p=5$ とすると，

$$18 \equiv 3 \quad (\mathrm{mod}\ 5)$$
$$27 \equiv 12 \quad (\mathrm{mod}\ 5)$$

という具合です．このような式のことを**合同式**といいます．そして，p を法とした合同式を使った計算のことを **p を法とした計算**といいます．また，a と b が p を法として合同であるというのは，a を p で割ったときの余りと b を p で割ったときの余りとが等しいというのと同じです．ただ，負の数を p で割ったときの余りという言葉には注意が必要でしょう．余りはつねに正または 0 で考えなければなりません．たとえば，5 を法として 3 と -17 を考えると

$$3 - (-17) = 20 = 4 \times 5$$

ですから，

$$3 \equiv -17 \pmod 5$$

になります．つまり，-17 を 5 で割った余りは，-2 ではなく，3 と考えなけれ
ばなりません．（実際 $-17 = (-4) \times 5 + 3$ です．）　こうしておくと，余りはつね
に 0 から $p-1$ までの p 種類となって，整数全体を余りによって p 個に分類す
ることができます．

　本当の合同式の意味は，このように整数全体を p 種類のグループに分類して
考えるところにあるのですが，この本では，話を簡単にするために合同式を扱う
ときには 0 から $p-1$ までの整数しか考えないことにします．（すべての整数は
0 から $p-1$ までの整数のうちのどれかに合同ですから．）　そして，これから説
明するように，合同式というのは，0 から $p-1$ までの p 個の整数のあいだに
（普通の整数の計算とは少し違った）計算の規則が決められたものだ，と考える
ことにします．そして，この計算の規則に従えば，整数と同じように足し算，引
き算，掛け算が自由にできることが大事なことです．割り算については，整数と
同じように注意が必要です．

　これから少し具体的な例を使って，合同式の計算の練習をしましょう．

2 ● 10 進法から 10 を法とした合同式へ

　この原稿を書いているのは 1989 年 8 月ですから，消費税なるものが実施され
ており，多くの人が一円玉に頭を悩ませていることと思います．僕は運よく結婚
していますので，一円玉がたまれば妻に渡すといったことで財布がパンクするの
を防いでいます．消費税がないときでも，独身時代にスーパーマーケットなどで
買い物をしていたころは小銭をいかに効率よく財布からなくすかというのはかな

りの問題でした．暗算の苦手な僕がどうしていたかというと，総額の計算などとてもできませんから，1 の位だけを計算していたのです．たとえば，198 円の牛乳と 88 円の豆腐を買えば 1 の位は 6 といった具合です．そして，レジに並ぶときに財布を調べて 6 円を出せるようならそれを出すようにして，小銭を処理していました．（レジの人が計算した結果を見てから財布を調べていたのでは遅くなりますから．）これでもよく計算間違いをして恥をかいていましたが，それでもある程度小銭の処分はうまくいっていたと思います．（それにしても，スーパーマーケットでこまごました買い物をして，1000 円ちょうどになったりするのは快感ですね．僕はこれまでに一度しか経験していませんが，そのときのレジのお姉さんが景品の一つもくれなかったのはいまだに疑問です．）

　ここで話を数学に戻しますと，このときスーパーマーケットで僕がしていた "1 桁目だけを考える" 計算というのが 10 を法とした合同式の計算なのです．これは，どんな数字でも 10 で割った余りはその数字の 1 桁目になることから分かります．

★足し算，掛け算

　1 桁目だけを考えるというとなにか特別なようですが，普段やっている計算で繰り上がりを考えないだけです．たとえば，$45 + 37$ を（筆算で）計算するときは $5 + 7$ を計算して 1 桁目は 2，1 繰り上がって……というようなことをするはずです．このとき，1 桁目の 2 をだしたところで計算を止めてしまうのが 1 桁目だけの計算です．また，掛け算でも同じことができます．45×37 の計算では「ごしち・さんじゅうご 3 あがって」とやりますが，1 桁目を計算するには 5 をだすだけで十分です．

　このように 1 桁目の計算では，2 桁目より上の桁はまったく関係ないことが分かります．つまり

$$45 + 37$$

であろうが，

$$12345 + 8975428137$$

であろうが，1 桁目の計算をするだけなら

$$5 + 7$$

を考えれば十分なのです. また掛け算でも

$$45 \times 37$$

や

$$12345 \times 8975428137$$

のようにあまり計算する気の起こらないものに対しても, 1 桁目の計算なら

$$5 \times 7$$

という, すぐに分かる計算だけをすればよいのです.

　このことは, 10 を法とする計算では 0, 1, 2, 3, 4, 5, 6, 7, 8, 9 という (1 桁の) 数字だけを扱えばよいことを示しています. これらの 1 桁目だけの計算 (10 を法とした計算) を表にまとめておきましょう.

+	0	1	2	3	4	5	6	7	8	9
0	0	1	2	3	4	5	6	7	8	9
1	1	2	3	4	5	6	7	8	9	0
2	2	3	4	5	6	7	8	9	0	1
3	3	4	5	6	7	8	9	0	1	2
4	4	5	6	7	8	9	0	1	2	3
5	5	6	7	8	9	0	1	2	3	4
6	6	7	8	9	0	1	2	3	4	5
7	7	8	9	0	1	2	3	4	5	6
8	8	9	0	1	2	3	4	5	6	7
9	9	0	1	2	3	4	5	6	7	8

×	0	1	2	3	4	5	6	7	8	9
0	0	0	0	0	0	0	0	0	0	0
1	0	1	2	3	4	5	6	7	8	9
2	0	2	4	6	8	0	2	4	6	8
3	0	3	6	9	2	5	8	1	4	7
4	0	4	8	2	6	0	4	8	2	6
5	0	5	0	5	0	5	0	5	0	5
6	0	6	2	8	4	0	6	2	8	4
7	0	7	4	1	8	5	2	9	6	3
8	0	8	6	4	2	0	8	6	4	2
9	0	9	8	7	6	5	4	3	2	1

★引き算

　次に，引き算を考えましょう．繰り下がりのない計算は簡単ですから，ここでは繰り下がりのある場合を考えましょう．最初に，答えが正の数になる場合を考えます．たとえば，$25 - 17$ の1桁目を計算するとき，5から7は引けないので2桁目から1を借りてきて，$15 - 7 = 8$ といった計算をします．借りる数（2桁目の数字）の大小は関係ありません．つまり，引き算のときも1桁目だけを考えて計算すればよいのです．また，この計算から考えると，1桁目の計算では $5 - 7 = 8$ としてもよさそうですが，はたしてどうでしょうか？

　では，答えが負の数になるときはどうなるかを考えましょう．たとえば，

$$5 - 7 = -2$$

ですが，

$$-2 - 8 = -10 = (-1) \times 10$$

より

$$-2 \equiv 8 \pmod{10}$$

ですから,

$$5 - 7 \equiv 8 \quad (\text{mod } 10)$$

になるはずです. これを 1 桁目の計算と関連づけてみましょう. その前に, 先ほ
どの 25 − 17 を計算するときに必要であった 15 − 7 の計算を振り返ってみます.
この計算をするとき, みなさんの頭の中はどう動いているでしょうか. ほとんど
無意識にやってしまっているでしょうが, 小学校で習うのは次のようなやり方で
す. (これは, 僕が学生のころ, 知り合いの小学生の勉強をみているとき思いだ
しました.)「まず, 7 と足し算をして 10 になる数は 3 (ここで 10 − 7 の答えを
だしています), 5 に 3 を足して 8」というものです. 小学校の 1 年生くらいは
この「足して 10 になる数」を覚えるのがひとつの関門のようです. ここで無意
識のうちに −7 と 3 を関係づけているのですが, 気がつきましたか? 1 桁目だ
けに注目すると, 7 を引く代わりに 3 を足しているのです. 1 桁目の計算をする
だけなら, −7 = 3 と思ってもいいのではないでしょうか. 実際

$$
\begin{array}{ll}
10 - 7 = 3, & 10 + 3 = 13 \\
9 - 7 = 2, & 9 + 3 = 12 \\
8 - 7 = 1, & 8 + 3 = 11 \\
7 - 7 = 0, & 7 + 3 = 10 \\
16 - 7 = 9, & 16 + 3 = 19 \\
15 - 7 = 8, & 15 + 3 = 18 \\
14 - 7 = 7, & 14 + 3 = 17 \\
13 - 7 = 6, & 13 + 3 = 16 \\
12 - 7 = 5, & 12 + 3 = 15 \\
11 - 7 = 4, & 11 + 3 = 14
\end{array}
$$

1桁目は
同じね.

となって, 別に不都合はなさそうです. 同じように考えて, 1 桁目だけの計算で
は, −1 = 9, −2 = 8, −3 = 7, −4 = 6, −5 = 5, −6 = 4, −7 = 3, −8 = 2,
−9 = 1 と思ってよさそうです. (これらはすべて「足して 10 になる数」です.)
このように考えると, −7 と 3 は 1 桁目を計算するときには同じとして扱っても
よいでしょう. これは 10 を法とした計算でも「7 を引く」は「3 を加える」と
考えればよいことを示しています. これで, 先ほどの

$$5 - 7 \equiv 8 \quad (\text{mod } 10)$$

が 1 桁目の計算として，正当化されました．

このように 10 を法とした計算では，負の数も正の数で代用できるのです．負の数がいらなくなるのですから，とうぜん引き算も足し算で代用できます．この引き算を足し算で代用するときに使う数のことを，もとの数の（10 を法とした）**補数**と呼びましょう．つまり，次の表のように足して 0 になる（10 を法として）数字を互いの補数というのです．これは普通の整数における "符号を変えた数" に対応する考え方です．

	0	1	2	3	4	5	6	7	8	9
補数	0	9	8	7	6	5	4	3	2	1

余裕のある人は，補数を使って 10 を法とした引き算の表を作ってみよう．

★視覚化してみよう

この 10 を法とした計算（1 桁目の計算）を次のように視覚的にとらえてみることにしましょう．螺線の上に数字を，10 増えるごとにちょうど 1 回まわるようにして書いていきます(次ページ)．そうすると，

$$0 \text{ の上には} \quad 10, 20, 30, \cdots,$$
$$1 \text{ の上には} \quad 11, 21, 31, \cdots$$

のように 1 桁目が同じ数字が縦に並ぶことになります．また，下に描いてある円には 1 桁目の数字が書いてあります．

この図を見ると 1 桁目の計算がよく分かります．たとえば 53 を足すときには次のようになります．最初に 50 を足して，それから 3 を足すと考えます．50 を足すことは図の螺線を 5 段上がることになり，横の位置は変わりません．次に 3

を足すときに初めて横の位置が変わるのです．つまり，2 桁目以上は横の位置（1 桁目）には無関係だということです．掛け算についても同じように考えられます．

　次に，引き算について考えてみましょう．足し算と同様に 2 桁目以上は関係ありませんから，1 桁の数，たとえば 2 を引く場合を考えてみましょう．2 を引くということは，螺線を 2 戻るということです．すると横の位置は 8 進んでいることになるのですが，分かるでしょうか？（縦は 1 下がっています．） これが $-2 = 8$ と考えてよいということを表しています．

　この螺線を負の方向にも延ばすというのは自然な考えでしょう．そうすると次の図のようになります．

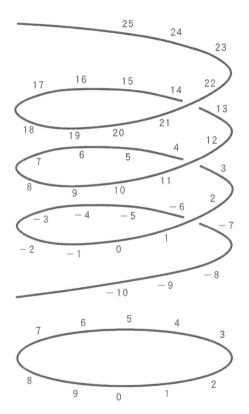

　これを見ると,「2 を引く」という意味の -2 だけでなく,数字そのものとしても $-2 = 8$ としてよいことが分かるでしょう.ここまでで分かったことは,10 を法とした計算では,0〜9 の 10 個の数字だけを使って,足し算,掛け算,引き算がちゃんとできるということです.

★割り算

　足し算,掛け算,引き算とくれば,次はどうしても割り算を考えてみたくなります.整数同士の割り算でも答えが整数になったりならなかったりしましたから,割り算はかなりややこしいものです.

　たとえば,

$$4 \div 2$$

を求めてみましょう.("÷"という記号を使うのはずいぶん久しぶりです.)　2 が答えですが,それだけでしょうか?　いまは 1 桁目だけの計算(10 を法とした計算)をしているのですから,2 を掛けて 1 桁目が 4 になる数なら $4 \div 2$ の答えとしてもよいでしょう.55 ページの掛け算の表をもう一度見てください.7×2 も 4 になっていますね.これは 10 を法とした計算では

$$4 \div 2 = 7$$

としてもよいことを示しています.そうです.10 を法とした計算では,割り算の答えは 1 つには決まらない場合があるのです.つまり,

$$4 \div 2 = 2 \text{ または } 7$$

答えが 2 つもある!

というのが正確な答えなのです.

　次に,

$$3 \div 2$$

を計算してみましょう.2 を掛けて 1 桁目が 3 になる数——そんなものはありません.掛け算の表を見てもやはり 2 を掛けて 3 になる数はありません.答えのない割り算もありました.

$$3 \div 2$$

答えがないよー！

こんな変な割り算ばかりではありません．

$$2 \div 3$$

を考えましょう．掛け算の表を見ると 3 を掛けて 2 になる数は 4 だけです（$4 \times 3 = 12$）．つまり，このときは割り算の答えはきちんと 1 つに決まります．

$$2 \div 3 = 4$$

やっと答えが
1 つに決まった！

　こうしてみると，10 を法とした割り算というのはかなりミステリアスです．安心して割り算ができないのでしょうか？　実は，ある数で割るときには自由に（答えがいくつもあったり，まったくなかったりしないで）割り算ができます．そのある数とは何でしょう．もう一度 55 ページの掛け算の表を見てください．3 の行（横の並び）を見ると，すべての数字が一度ずつ現れているのが分かります．これはどういうことでしょう．たとえば，先ほどのように 2 を 3 で割ろうと思えば，3 の行を見ていって，2 が現れている列（縦の並び）のいちばん上の数字，つまり 4 が答えになるわけです．このようにしてやれば，3 での割り算は自由に行なえることが分かります．同じように，1（これは当たり前），7, 9 での割り算も自由にできます．これらの数字に共通していることは，"10 と互いに素"（$10 = 2 \times 5$ と共通の約数をもたない）ということなのですが，ここでは詳しい説明はしないことにします．

　ただ一つ，「ある行に 1 が現れればその数での割り算は自由にできる」ということだけは注意しておきます．これは，1 を割ることができれば，すべての数を割ることができるということです．それは

$$x \div c = x \times (1 \div c)$$

から納得できるでしょう．このように，1 をある数で割って得られた答えのことを，その数の**逆数**といいます．これは，分数などで $\frac{1}{c}$ を c の逆数ということと同じ用法です．分数で割るときにはその逆数を掛けたのと同じように，10 を法とした計算でも逆数を掛けることによって割り算をすることができます．10 を法とした計算について，逆数を表にまとめてみましょう．"／"とあるのは逆数がないという意味です．逆数をもたない数で割るときには，前に説明したように答えがいくつもでたり，まったくなかったりします．

	0	1	2	3	4	5	6	7	8	9
逆数	／	1	／	7	／	／	／	3	／	9

　最後に，10 を法とした割り算の表を作ってみましょう．左の数を右の数で割ったものです．また，"／"とあるのは割り算ができないということ，数字が 2 つ以上書いてあるのは答えが 2 つ以上あるということです．

÷	0	1	2	3	4	5	6	7	8	9
0	／	0	0,5	0	0,5	0,2,4,6,8	0,5	0	0,5	0
1	／	1	／	7	／	／	／	3	／	9
2	／	2	1,6	4	3,8	／	2,7	6	4,9	8
3	／	3	／	1	／	／	／	9	／	7
4	／	4	2,7	8	1,6	／	4,9	2	3,8	6
5	／	5	／	5	／	1,3,5,7,9	／	5	／	5
6	／	6	3,8	2	4,9	／	1,6	8	2,7	4
7	／	7	／	9	／	／	／	1	／	3
8	／	8	4,9	6	2,7	／	3,8	4	1,6	2
9	／	9	／	3	／	／	／	7	／	1

3●7進法から7を法とした合同式へ
（フュープラニエタン星にて）

　ここは，地球を離れること 7^7 光年（＝ 823543 光年），イスカンダルよりもま
だ遠いフュープラニエタン星です．ここでは 7 という数字がすべてを支配して
います．地球と同じくらいの文明をもっているこの星の住民の手は 7 本，足も 7
本，指も 7 本あります．大きな大陸が 7 つあり，それぞれに 7 つの国があります．信じられている神様も 7 人（もちろん七福神と呼ばれています）なら，おへ
そも 7 つあるという，とにかく 7 がなければ始まらない星です．

　この星の小学校（7 歳になると入学できます）の算数の授業を少しのぞいてみ
ましょう．

先生　さあ，最初は火の段ですよ．みんな一緒に！

生徒一同　火火が木，火水が土，火木・月月，火金・月水，火土・月金．

先生　はい，よくできました．次は水の段です．ななこさん言ってみてくだ

さい.

　ななこ　水火が土,　水水・月火,　水木・…,　えーっと…しげる!　あれっ?

　先生　それは地球とかにいる漫画家でしょう.「ゲゲゲの鬼太郎」なんかを描いている.　そうじゃなくて,　水木・月金でしょう.　ほら,　もう一度最初から.

　ななこ　あっ,　そっか.　うーんと,　水火が土,　水水・月火,　水木・月金,　水金・火月,　水土・火木.

　先生　はい,　よくできました.　それじゃー,　今日は木の段を勉強しましょう.この土土というのはとても大事ですから,　みなさんしっかり勉強しましょうね.

　生徒一同　はーい.

　この星の小学生はいったい何を勉強しているのでしょうか?　黒板の横を見ると,　次のような表が貼ってあります.　カレンダーのようですが,　日曜と月曜がありませんし,　日付けに当たるものもありません.　先ほど先生が「火の段」とか言っていましたが,　ひょっとすると,　この表の「火」と書いてある縦の並びに関係があるのでしょうか.

	火	水	木	金	土
火	木	土	月月	月水	月金
水	土	月火	月金	火月	火木
木	月月	月金	火火	火土	水水
金	月水	火月	火土	水木	木火
土	月金	火木	水水	木火	金月

　どうやら,　この授業では地球の日本で使われている「掛け算の九九」に当たるものを勉強していたようです.　地球では数字は 10 進法で表されていましたから,10 進法で 1 桁になる数字同士の掛け算を九九として暗記しています.　ところが,7 がすべてを支配するこのフュープラニエタン星では 7 進法で数字を表しています.　そして 7 進法で 1 桁になる数同士の掛け算を暗記しているようです.　それに

しては数字が出てきませんが，どうしてでしょう.

　ここでは，日本で曜日を表すのに用いられている漢字：日，月，火，水，木，金，土を組み合わせて数を表しているのです.（どうしてこんな遠い星で漢字が使われているのかって？　まあ固いことは言わずに.デスラーが日本語をしゃべるくらいですから. 陰の声 ：イスカンダルとかデスラーとか，若い人はだれも知らないんじゃないんですか.第一このワープロの辞書にも入っていないし…….）日が 0，月が 1，火が 2，水が 3，木が 4，金が 5，土が 6 というわけです.数はこれらの文字を並べて書いて表します. 7 進法ですから，2 桁目は 7 の位，3 桁目は 7^2 の位，4 桁目は 7^3 の位，…… になります.たとえば，

$$土金 = 6 \times 7 + 5 = 47$$
$$月火水 = 1 \times 7^2 + 2 \times 7 + 3 = 66$$

といった具合です.そして，「水木・月金」というのは

$$水 \times 木 = 月金$$

ということです.水 $= 3$, 木 $= 4$, 月金 $= 1 \times 7 + 5 = 12$ ですから，これは 10 進法で書くと

$$3 \times 4 = 12$$

になります.つまり，「水木・月金」というのは「さんし・じゅうに」という九九に対応しています.地球人になじみの深い形で，7 進法の九九の表を書いておきましょう. 0 の段と 1 の段も入れておきます.

7 進法の掛け算の表

×	0	1	2	3	4	5	6
0	0	0	0	0	0	0	0
1	0	1	2	3	4	5	6
2	0	2	4	6	11	13	15
3	0	3	6	12	15	21	24
4	0	4	11	15	22	26	33
5	0	5	13	21	26	34	42
6	0	6	15	24	33	42	51

7 進法の足し算の表

+	0	1	2	3	4	5	6
0	0	1	2	3	4	5	6
1	1	2	3	4	5	6	10
2	2	3	4	5	6	10	11
3	3	4	5	6	10	11	12
4	4	5	6	10	11	12	13
5	5	6	10	11	12	13	14
6	6	10	11	12	13	14	15

この表とその次の足し算の表があれば，7進法の計算はすぐにできます．

★地球の人へ

　フュープラニエタン星の小学生に負けないように，少し7進法の計算をしてみましょう．地球には私たちになじみの深いアラビア数字というのがありますから，これからはそちらを使いましょう．ただし，10進法と間違うと困りますから，7進法のときは数字の最後に (s) と入れておくことにします．

　$35\,(\mathrm{s}) + 24\,(\mathrm{s})$ の計算は次のようにします．

$$
\begin{array}{r}
35\,(\mathrm{s}) \\
+\quad 24\,(\mathrm{s}) \\
\hline
\end{array}
$$

まず1桁目を計算します．表を見ると $5\,(\mathrm{s}) + 4\,(\mathrm{s}) = 12\,(\mathrm{s})$ ですから，1桁目は $2\,(\mathrm{s})$ で繰り上がりが $1\,(\mathrm{s})$ です．

$$
\begin{array}{r}
35\,(\mathrm{s}) \\
+\quad 24\,(\mathrm{s}) \\
\hline
2\,(\mathrm{s}) \quad (1\,(\mathrm{s})\ 繰り上がっている)
\end{array}
$$

次に，2桁目は繰り上がりの $1\,(\mathrm{s})$ がありますから，$1\,(\mathrm{s}) + 3\,(\mathrm{s}) + 2\,(\mathrm{s})$ を計算して $6\,(\mathrm{s})$ です．

$$
\begin{array}{r}
35\,(\mathrm{s}) \\
+\quad 24\,(\mathrm{s}) \\
\hline
62\,(\mathrm{s}) \quad (答え)
\end{array}
$$

　次に，いまと同じ数を掛け合わせてみましょう．

$$
\begin{array}{r}
35\,(\mathrm{s}) \\
\times\quad 24\,(\mathrm{s}) \\
\hline
\end{array}
$$

まず $35\,(\mathrm{s}) \times 4\,(\mathrm{s})$ を計算します．$5\,(\mathrm{s}) \times 4\,(\mathrm{s}) = 26\,(\mathrm{s})$ ですから（フュープラニエタン星の人は「金木・火土」と考えますが，私たちは掛け算の表を見ましょう），

答えの 1 桁目は 6 (s) で，2 (s) 繰り上がります．

$$
\begin{array}{r}
35\,(\text{s}) \\
\times \quad 24\,(\text{s}) \\
\hline
6\,(\text{s}) \quad (2\,(\text{s})\ 繰り上がっている)
\end{array}
$$

次に，$3\,(\text{s}) \times 4\,(\text{s}) = 15\,(\text{s})$ ですから，これと繰り上がりの $2\,(\text{s})$ を加えた $20\,(\text{s})$ $(= 15\,(\text{s}) + 2\,(\text{s}))$ が 2, 3 桁目になります．

$$
\begin{array}{r}
35\,(\text{s}) \\
\times \quad 24\,(\text{s}) \\
\hline
206\,(\text{s})
\end{array}
$$

次に，同じように $35\,(\text{s}) \times 2\,(\text{s})$ を計算して $103\,(\text{s})$，これを 1 桁ずらして書きこみます．

$$
\begin{array}{r}
35\,(\text{s}) \\
\times \quad 24\,(\text{s}) \\
\hline
206\,(\text{s}) \\
103 \quad (\text{s})
\end{array}
$$

最後に足し算をして，計算が終わります．

$$
\begin{array}{r}
35\,(\text{s}) \\
\times \quad 24\,(\text{s}) \\
\hline
206\,(\text{s}) \\
103 \quad (\text{s}) \quad (答え) \\
\hline
1236\,(\text{s})
\end{array}
$$

次に，引き算をしてみましょう．何桁あっても話は同じですから，繰り下がりのある「2 桁引く 1 桁」をしてみましょう．$14\,(\text{s}) - 5\,(\text{s})$ を計算するにはどうすればよいでしょう．ここで前に書いた 10 進法の引き算を思いだしてください．$4\,(\text{s})$ から $5\,(\text{s})$ は引けませんから，上の桁から 1 を借りてきます．そしてまず，$10\,(\text{s})$ から $5\,(\text{s})$ を引きましょう．10 進法のときは「引く数と足し算をして 10

になる数」を最初に考えるのでした．この場合は 7 進法ですから，まず 5 (s) と
足し算をして 10 (s)（10 進法では 7）になる数を考えましょう．足し算の表を見
れば分かるとおり，その数は 2 (s) です．（この 2 (s) が 10 (s) − 5 (s) の答えで
す．）そして，2 (s) + 4 (s) = 6 (s) が 14 (s) − 5 (s) の答えというわけです．この
計算の仕方は，10 進法とまったく同じであることによく注意してください．つま
り，10 進法での補数が，ここでは足して 10 (s)（10 進法では 7）になる数に変
わっただけです．

　私たちは普段 10 進法でしかものを考えていませんから，九九とか 10 の補数な
どが頭について離れないのです．頭をまったく切り替えて，フュープラニエタン
星のように 7 進法で考えても，慣れれば違和感はなくなるでしょう．コンピュー
ターを扱っている人のなかには，次の節で述べるような 16 進法でものを考える
人が実際にいるかもしれません．

★ 7 を法とした計算

　7 進法で 1 桁目だけを考えたのが，7 を法とした計算です．足し算，掛け算，
引き算は，次のページの表を見れば分かると思います．10 進法の場合と同じで
すから，各自で確認しておいてください．（引き算をするには補数を足せばよい
のでした．）

　割り算は，10 を法とした計算とかなり事情が違いますので，ちょっと説明して
おきましょう．

　たとえば，7 を法として

$$3 \div 2$$

を計算してみましょう．そのためには，7 を法とした掛け算の表で，2 を掛けて
3 になるような数を探せばよいのです．表を見ると

$$5 \times 2 \equiv 3 \pmod 7$$

で，このほかに 2 を掛けて 3 になるような数はありませんから，

$$3 \div 2 \equiv 5 \pmod 7$$

となることが分かります．（10 を法とした場合のように，答えが 2 つあるかもし

7 を法とした足し算の表

+	0	1	2	3	4	5	6
0	0	1	2	3	4	5	6
1	1	2	3	4	5	6	0
2	2	3	4	5	6	0	1
3	3	4	5	6	0	1	2
4	4	5	6	0	1	2	3
5	5	6	0	1	2	3	4
6	6	0	1	2	3	4	5

7 を法とした掛け算の表

×	0	1	2	3	4	5	6
0	0	0	0	0	0	0	0
1	0	1	2	3	4	5	6
2	0	2	4	6	1	3	5
3	0	3	6	2	5	1	4
4	0	4	1	5	2	6	3
5	0	5	3	1	6	4	2
6	0	6	5	4	3	2	1

7 を法とした補数の表

	0	1	2	3	4	5	6
補数	0	6	5	4	3	2	1

れませんから，この確認は大事です．)

10進法（あるいは10を法とした計算）のときに説明したように，逆数を考えると便利です．逆数というのは掛けて1になる数のことでしたから，掛け算の表から次の逆数の表が得られます．掛け算の表において，0以外のすべての行に1が現れていますから，0以外の数はすべて逆数をもちます．

	0	1	2	3	4	5	6
逆数	/	1	4	5	2	3	6

逆数を使うと，先ほどの $3 \div 2$ は

$$3 \div 2 \equiv 3 \times (1 \div 2) \equiv 3 \times 4 \equiv 5 \quad (\mathrm{mod} \ 7)$$

というように，掛け算の計算に直すことができます．10を法としたときと違って，(0以外の) すべての数に対して逆数が存在しますから，割り算が簡単にできることに注意してください．

★再びフュープラニエタン星へ

話はフュープラニエタン星に戻ります．この星は，太陽にあたる恒星の周りを343日かかって回っています．(1日というのはこの星が自転するのにかかる時間です．) そして，フュープラニエタン星の周りを，フューモーネンと呼ばれる月 (衛星) が49日かかって回っています．

では，この星のカレンダーはどうなっているのでしょうか？ さっき出てきた小学生のななこちゃんに聞いてみましょう．

僕 ねえねえ，この星のカレンダーを見せてくれない？

ななこ 「カレンダー」？ 何それ？

僕 地球では，1年が12の月に分かれているんだ．そして，それとは別に7日ごとに曜日っていうのも決まっていて，学校なんかもこの曜日に合わせて授業をしているんだよ．月がちょうど7で割り切れると助かるんだけど，そうじゃないんで，すぐに曜日が分からなくなるんだ．そんなときにカレンダーを見るんだ

よ．カレンダーがないといつ学校が休みになるか分かんないじゃないかい？

　ななこ　フュープラニエタン星でも学校は 7 日に一度「日」のつく日には休み
になるわよ．「土」のつく日は午前中で終わりだし．あっ，それから夏休みってい
うのがあって，「木」の月には学校は休みよ．でも「カレンダー」なんて聞いたこ
ともないわ．

───────────────────────────────────

　どうやら，事態がのみこめてきました．先生にも伺ってみたところ，次のよう
になっているそうです．この星でも，「週」，「月」という考えはあって，1 週間は
7 日ですが，1 月は 49 日のようです．そして，1 年は 7 つの月に分けられていま
す．日数の計算も 7 進法ですから，1 年は「日日日」日から始まって「日日月」
日，「日日火」日，「日日水」日，「日日木」日，「日日金」日，「日日土」日，「日月
日」日，……，「月日日」日，……，「火日日」日，……，「水日日」日，……，「木
日日」日，……，「金日日」日，……，「土日日」日，……と続いて，「土土土」日
に終わります．10 進法で表すと

$$土土土 = 666\ (\mathrm{s}) = 342$$

ですから，ちょうど 3 桁の文字で日を表現できます．曜日は 1 桁目の文字で表さ
れています．ですから，ななこちゃんは「日」のつく日，「土」のつく日と言った
わけです．（地球の日本でも「1 のつく日」とか言いますからね．）そして，月は
3 桁目の文字で表現しています．「木」の月というのは，「木日日」日から「木土
土」日までの $7^2\ (49)$ 日間をいうのです．

$$木日日 = 400\ (\mathrm{s}) = 4 \times 7^2 = 196$$
$$木土土 = 466\ (\mathrm{s}) = 4 \times 7^2 + 6 \times 7 + 6 = 244$$

ですから，地球でいうと 7 月の中ごろから 8 月の終わりくらいまでが夏休みの
ようです．月がよく分かるように，「日」日ではなくてわざわざ「日日日」日と
言っているのですね．このように，日付けからすぐに曜日や月が分かるから，カ
レンダーがないのでしょう．曜日をよく間違える僕にとってはうらやましいかぎ
りです．

4 ● 16 進法と 65536 を法とした合同式
（コンピューター好きの人へ）

みなさんの中にはコンピューターについて詳しい人も多いと思いますので，コンピューターではおなじみの 16 進法の話を少ししたいと思います．16 進法というのは，0, 1, 2, 3, 4, 5, 6, 7, 8, 9, A, B, C, D, E, F という 16 個の記号を使った表記法です．0 から 9 までは 10 進法と同じ意味ですが，A, B, C, D, E, F はそれぞれ 10 進法で書くと 10, 11, 12, 13, 14, 15 を表します．たとえば FE というのは 10 進法で書くと

$$15 \times 16 + 14 = 254$$

になります．16 進法で書くときは FE (h) のように最後に (h) をつけることにします．

僕の持っているコンピューターで「8000 (h) を（10 進法で）表示せよ」と命令すると −32768 と表示します．7FFF (h) だと 32767 に，FFFF (h) だと −1 になります．これはどういうことでしょうか？ 8000 (h) は

$$8 \times 16^3 + 0 \times 16^2 + 0 \times 16^1 + 0 \times 16^0 = 32768$$

のはずだし，7FFF (h) は

$$7 \times 16^3 + 15 \times 16^2 + 15 \times 16^1 + 15 \times 16^0 = 32767$$

のはずだし，FFFF (h) は

$$15 \times 16^3 + 15 \times 16^2 + 15 \times 16^1 + 15 \times 16^0 = 65535$$

のはずです．これは，僕のコンピューターの内部では整数を 16 進法の 4 桁（0000 から FFFF）で記憶しているからです．普通にやったのでは負の数は表せませんから，16 進法で 8000 以上の数は負の数として扱っているのです．つまり，

$$8000 \text{ (h) } (= 32768) \quad \text{は} \quad -32768,$$
$$8001 \text{ (h) } (= 32769) \quad \text{は} \quad -32767,$$
$$\cdots\cdots,$$
$$\text{FFFF (h) } (= 65535) \quad \text{は} \quad -1$$

といった具合です. すなわち, 僕のコンピューターは 65536 を法とした整数を
扱っていると言ってよいでしょう. 65536 を法とした計算なら, $32768 \equiv -32768$,
$32769 \equiv -32767$, $65535 \equiv -1$ となってもおかしくないからです.

　実はこの話は, コンピューターでゲームをしているときに思いついたもので
す. ゲームを進めていくと経験値という数値が上がるのですが, あるときふと見
ると経験値が減っていたのです. それで注意して見ていると, 65000 を越えたあ
たりで急に減っているではありませんか. 手元の電卓で 16^4 $(= 10000\,(\mathrm{h}))$ を計
算して 65536 となり納得したのですが, みなさんもこんな経験はありませんか?
また, 16 進法で 2 桁しか覚えないようなパラメーターでは $256\,(= 100\,(\mathrm{h}))$ を法
とした数値が現れることもあるらしいです. (これはコンピューター・ゲームの専
門誌から仕入れた情報です.) コンピューターでゲームをするときは, 何を法とし
た数値がパラメーターとして現れるかに注意しましょう. そうしないと, せっか
く稼いだ経験値が 0 になりますよ. (「そんなのとっくに知っとるわい」という声
が聞こえてきそうだ.)

4章

合同式を使った方程式

この章では，合同式を使った方程式を扱います．合同式の計算に慣れる意味からも，是非自分で実際に計算してみてください．

前の章で説明した合同式を使った 1 次方程式を考えてみましょう．解き方は，基本的には普通の（実数を対象とした）1 次方程式と同じです．ただし，10 を法とした場合のように割り算が自由にできないときもありますので，注意が必要です．ここでは，この本で必要な 2, 3, 4, 5 を法とした方程式だけを考えます．10 や 7 を法とした計算のように，まず足し算と掛け算を考えて表を作ります．そして，その表をもとに補数（足して 0 になる数），逆数（掛けて 1 になる数）の表を作ります．実際の計算は，すべてこれらの表を見ればよいのです．

1●2 を法とした方程式で遊ぼう

2 を法とした計算を考えてみましょう．足し算は，たとえば

$$0 + 0 \equiv 0 \quad (\text{mod } 2)$$
$$0 + 1 \equiv 1 \quad (\text{mod } 2)$$
$$1 + 1 \equiv 0 \quad (\text{mod } 2)$$
$$(1 + 1 = 2 \text{ で，} 2 \equiv 0 \ (\text{mod } 2) \text{ だから})$$

です．また掛け算は，たとえば

$$0 \times 0 \equiv 0 \quad (\text{mod } 2)$$

$$0 \times 1 \equiv 0 \quad (\mathrm{mod}\ 2)$$
$$1 \times 1 \equiv 1 \quad (\mathrm{mod}\ 2)$$

ですから，次のような表にまとめることができます．

+	0	1
0	0	1
1	1	0

×	0	1
0	0	0
1	0	1

引き算は，補数を足すということでした．補数というのは，足して 0 になる数のことでしたから，$0+0 \equiv 0$, $1+1 \equiv 0$ (mod 2) を使えば，簡単に計算できます．これも表にまとめてみましょう．

	0	1
補数	0	1

次に，割り算について考えてみましょう．割り算というのは逆数を掛けるということでしたから，逆数が分かればよいのでした．掛け算の表を見るまでもなく，1 の逆数は 1，0 の逆数はありません．2 を法とした割り算は 10 を法とした割り算のようにややこしいことはありません．

	0	1
逆数	／	1

計算方法が分かったところで，練習として，次の 1 次方程式を解いてみましょう．

$$x + 1 \equiv 0 \quad (\mathrm{mod}\ 2)$$

両辺から 1 を引く（1 の補数である 1 を足す）と，左辺の 1 が消えます．右辺は 1 になりますから $x \equiv 1$ が得られます．

2 ● 3 を法とした方程式で遊ぼう

次に，3 を法とした計算を考えましょう．足し算と掛け算については，次の表で計算すればよいでしょう．この表は，

$$2 + 2 = 4 \equiv 1 \quad (\mathrm{mod}\ 3)$$
$$2 \times 2 = 4 \equiv 1 \quad (\mathrm{mod}\ 3)$$

などから分かります．みなさんも一度確認しておいてください．

+	0	1	2
0	0	1	2
1	1	2	0
2	2	0	1

×	0	1	2
0	0	0	0
1	0	1	2
2	0	2	1

補数は足して 0 になる数のことでしたから，次の表にまとめられます．

	0	1	2
補数	0	2	1

次に，逆数について考えましょう．掛け算の表を見てください．すると，0 以外のすべての数（といっても 2 つですが）について逆数があることが分かります．（それは，0 以外のどの行にも 1 が現れていることから分かります．）ですから，逆数の表は次のようになります．

	0	1	2
逆数	/	1	2

それでは，3 を法とした合同式の練習をしてみましょう．これからはすべて 3 を法とした合同式ですから，いちいち (mod 3) とは書かないことにします．

　まず，次の 1 次方程式を解いてみます．

$$2x + 1 \equiv 0$$

両辺から 1 を引く（両辺に 1 の補数である 2 を加える）と，

$$2x \equiv 2$$

両辺を 2 で割る（両辺に 2 の逆数である 2 を掛ける）と，

$$x \equiv 2 \times 2 \equiv 1$$

となって，答えが得られます．実際に，最初の方程式に $x \equiv 1$ を代入してみると，

$$2 \times 1 + 1 \equiv 0$$

となって，正しいことが分かります．

　今度は，連立方程式を解いてみます．

$$\begin{cases} 2x + y \equiv 1 & \cdots(1) \\ x + y \equiv 2 & \cdots(2) \end{cases}$$

(1) の両辺から $2x$ を引く（両辺に $2x$ の補数 x を加える[1]）と，

$$y \equiv 1 + x \quad \cdots(1)'$$

これを (2) に代入して

$$x + (1 + x) \equiv 2$$
$$\therefore \ \ 2x + 1 \equiv 2$$

両辺から 1 を引いて（両辺に 1 の補数である 2 を加えて）

$$2x \equiv 2 + 2 \equiv 1$$

両辺を 2 で割って（両辺に 2 の逆数である 2 を掛けて）

$$x \equiv 2$$

---

1)　$2x + x \equiv (2+1)x \equiv 0$ に注意．

これを (1)′ に代入して

$$y \equiv 1 + 2 \equiv 0$$

つまり,

$$\begin{cases} x \equiv 2 \\ y \equiv 0 \end{cases}$$

が答えです. これらが最初の連立方程式をみたすことは, みなさん自身で確かめてください.

　そろそろ 3 を法とした合同式に慣れてきたと思いますので, あまり説明はしないことにします. 次は, 同じ連立方程式ですが, 答えが 1 つに決まらないものを解いてみましょう.

$$\begin{cases} x + 2y \equiv 2 \quad \cdots (1) \\ 2x + \ y \equiv 1 \quad \cdots (2) \end{cases}$$

(1) から

$$x \equiv 2 + y \quad \cdots (1)'$$

これを (2) に代入して

$$2(2 + y) + y \equiv 1$$

この式の左辺を計算すると 1, また右辺も 1 ですから, この式は y と無関係に成り立ちます. ですから, (1)′ をみたすような x, y の組はすべて解になります. (1)′ は y を勝手に決めれば x が自動的に決まります. y としては 0, 1, 2 がとれ, それに対応する x はそれぞれ $2 + 0 \equiv 2,\ 2 + 1 \equiv 0,\ 2 + 2 \equiv 1$ になります. つまり, この方程式の解は,

$$\begin{cases} x \equiv 2 \\ y \equiv 0 \end{cases}, \quad \begin{cases} x \equiv 0 \\ y \equiv 1 \end{cases}, \quad \begin{cases} x \equiv 1 \\ y \equiv 2 \end{cases}$$

の 3 組です. (実は (2) の式の両辺を 2 倍すると (1) が得られます. つまり, 本質的にはこの連立方程式は (1) だけの方程式と同じなのです.) これらの解がす

べて最初の方程式をみたすことを確認しておいてください．また，普通，学校で習う連立方程式（実数を対象としている）では，解が決まらないとき，その数は無限に多くなりますが，3 を法とした場合，考えている数自体が有限個（3 個）ですから，解の数も有限個になることに注意しましょう．

　最後に，解が存在しない連立方程式を考えます．

$$\begin{cases} x + 2y \equiv 2 & \cdots(1) \\ 2x + y \equiv 2 & \cdots(2) \end{cases}$$

2 つの式とも左辺は先ほどの方程式と同じです．(2) の両辺を 2 倍すると，$2 \times 2 \equiv 1$ ですから，

$$x + 2y \equiv 1$$

となって，左辺だけが (1) と同じになります．この式と (1) が両立しないのはすぐに分かりますから，結局，上の連立方程式には解が存在しないことになります．

3●4 を法とした方程式で遊ぼう

　足し算は，

$$2 + 2 = 4 \equiv 0 \quad (\mathrm{mod}\ 4)$$
$$2 + 3 = 5 \equiv 1 \quad (\mathrm{mod}\ 4)$$
$$3 + 3 = 6 \equiv 2 \quad (\mathrm{mod}\ 4)$$

掛け算は，

$$2 \times 2 = 4 \equiv 0 \quad (\mathrm{mod}\ 4)$$
$$2 \times 3 = 6 \equiv 2 \quad (\mathrm{mod}\ 4)$$
$$3 \times 3 = 9 \equiv 1 \quad (\mathrm{mod}\ 4)$$

に注意すると，次の足し算，掛け算，補数の表が得られます．

+	0	1	2	3
0	0	1	2	3
1	1	2	3	0
2	2	3	0	1
3	3	0	1	2

×	0	1	2	3
0	0	0	0	0
1	0	1	2	3
2	0	2	0	2
3	0	3	2	1

	0	1	2	3
補数	0	3	2	1

フムフム！

　次に逆数についてですが，今度は 2 や 3 のようにうまくはいきません．掛け算の表の 2 の行を見てください．そこには 1 は現れていません．つまり，2 の逆数は存在しないのです．10 を法としたときと同じように，2 での割り算は自由にはできないのです．1 と 3 には逆数が存在しますので，割り算が自由にできます．

	0	1	2	3
逆数	／	1	／	3

　それでは，4 を法とした合同式の練習をしてみましょう．先ほどと同じように，今度は (mod 4) を省略します．3 を法としたときと同じ方程式を解いてみますので，どこが違っているか注意して読んでください．

　まず，次の 1 次方程式を（4 を法として）解いてみましょう．

$$2x + 1 \equiv 0$$

両辺から 1 を引く（両辺に 1 の補数である 3 を加える）と，

$$2x \equiv 3$$

ここで，「3 を法とした場合は，両辺に 2 の逆数である 2 を掛ける」ことができたのですが，4 を法とした場合はそうはいきません．実際に掛け算の表を見て，2 倍して 3 になる数を探してみましょう．表をよく見てもそんな数は存在しません．つまり，この方程式には解がないのです．「2 に逆数がないから解がなかったんだ」というのは早とちりです．次の方程式だと x の係数が 2 であるにもかかわらず，$x = 1, 3$ という 2 つの解をもっています．

$$2x + 2 \equiv 0$$

このことは，10 を法としたときと同じように，逆数が存在しない数に対しては割り算の答えは一定しない（なかったり，逆にたくさんあったりする）ということを表しています．

　次は連立方程式です．

$$\begin{cases} 2x + y \equiv 1 & \cdots (1) \\ x + y \equiv 2 & \cdots (2) \end{cases}$$

(1) の両辺から $2x$ を引く（両辺に $2x$ の補数 $2x$ を加える[2]）と

$$y \equiv 1 + 2x \quad \cdots (1)'$$

これを (2) に代入して

$$x + (1 + 2x) \equiv 2$$
$$\therefore \quad 3x + 1 \equiv 2$$

両辺から 1 を引いて（両辺に 1 の補数である 3 を加えて）

$$3x \equiv 2 + 3 \equiv 1$$

---

2)　$2x + 2x \equiv (2 + 2)x \equiv 0$ に注意.

今度は，3 の逆数が存在しますから（逆数の表または掛け算の表を見てください），両辺に 3 の逆数である 3 を掛けて

$$x \equiv 3$$

これを (1)′ に代入して

$$y \equiv 1 + 2 \times 3 \equiv 1 + 2 \equiv 3$$

つまり，

$$\begin{cases} x \equiv 3 \\ y \equiv 3 \end{cases}$$

が解になります．最初の方程式をみたすことを確認しておいてください．

　次は，3 を法としたときは答えが 1 つに決まらなかったものです．

$$\begin{cases} x + 2y \equiv 2 \quad \cdots (1) \\ 2x + \ y \equiv 1 \quad \cdots (2) \end{cases}$$

(1) の両辺に $2y$ の補数である $2y$ を加えると

$$x \equiv 2 + 2y \quad \cdots (1)'$$

これを (2) に代入して

$$2(2 + 2y) + y \equiv 1$$

この式の左辺は（$2 \times 2 = 4 \equiv 0$ ですから）y になります．ですから

$$y \equiv 1$$

が得られます．これを (1)′ に代入して

$$x \equiv 2 + 2 \equiv 0$$

つまり，

$$\begin{cases} x \equiv 0 \\ y \equiv 1 \end{cases}$$

が，この連立方程式の解になります．

　最後に，3 を法としたのでは解がなかった方程式です．

$$\begin{cases} x + 2y \equiv 2 & \cdots (1) \\ 2x + \ y \equiv 2 & \cdots (2) \end{cases}$$

(1) から

$$x \equiv 2 + 2y \quad \cdots (1)'$$

これを (2) に代入して，

$$2(2 + 2y) + y \equiv 2$$

この式の左辺は y ですから

$$y \equiv 2$$

これを (1)$'$ に代入して

$$x \equiv 2$$

つまり，

$$\begin{cases} x \equiv 2 \\ y \equiv 2 \end{cases}$$

が解になります．

　このようにしてみると，法とする数によって同じ方程式でもまったく違った解をもつことが分かります．連立方程式については実数と同じように行列を考えるともっと分かりやすくなるのですが，それについては余裕のあるみなさんへの宿題にしておきましょう．

4●5 を法とした方程式で遊ぼう

足し算は,

$$2 + 3 = 5 \equiv 0 \quad (\text{mod } 5)$$
$$2 + 4 = 6 \equiv 1 \quad (\text{mod } 5)$$
$$3 + 3 = 6 \equiv 1 \quad (\text{mod } 5)$$
$$3 + 4 = 7 \equiv 2 \quad (\text{mod } 5)$$
$$4 + 4 = 8 \equiv 3 \quad (\text{mod } 5)$$

掛け算は,

$$2 \times 3 = 6 \equiv 1 \quad (\text{mod } 5)$$
$$2 \times 4 = 8 \equiv 3 \quad (\text{mod } 5)$$
$$3 \times 3 = 9 \equiv 4 \quad (\text{mod } 5)$$
$$3 \times 4 = 12 \equiv 2 \quad (\text{mod } 5)$$
$$4 \times 4 = 16 \equiv 1 \quad (\text{mod } 5)$$

に注意すると,次の足し算,掛け算,補数の表が得られます.

+	0	1	2	3	4
0	0	1	2	3	4
1	1	2	3	4	0
2	2	3	4	0	1
3	3	4	0	1	2
4	4	0	1	2	3

×	0	1	2	3	4
0	0	0	0	0	0
1	0	1	2	3	4
2	0	2	4	1	3
3	0	3	1	4	2
4	0	4	3	2	1

	0	1	2	3	4
補数	0	4	3	2	1

　逆数は，0 以外のすべての数に対して存在します．（掛け算の表で，0 以外のすべての行に 1 が現れますから．）

	0	1	2	3	4
逆数	／	1	3	2	4

　このように 0 以外のすべての数に対して逆数が存在しますから，3 を法としたときと同様にわりあい楽に方程式が解けます．次の連立方程式を解いてみましょう．(mod 5) はすべて省略しています．

$$\begin{cases} 2x + 3y \equiv 4 & \cdots(1) \\ 2x + 4y \equiv 1 & \cdots(2) \end{cases}$$

まず，(1) の両辺に $3y$ の補数である $2y$ [3)] を加えて

$$2x \equiv 4 + 2y$$

両辺に 2 の逆数である 3 を掛けて

$$x \equiv 4 \times 3 + 2y \times 3 \equiv 2 + y \quad \cdots(1)'$$

これを (2) に代入して

$$2(2 + y) + 4y \equiv 1$$
$$\therefore \ 4 + y \equiv 1$$

両辺に 4 の補数である 1 を加えて

$$y \equiv 2$$

これを (1)′ に代入して

$$x \equiv 4$$

つまり，

---

3)　$3y + 2y \equiv (3 + 2)y \equiv 0$ に注意.

$$\begin{cases} x \equiv 4 \\ y \equiv 2 \end{cases}$$

が，この方程式の解になります．

　今度は，3元連立方程式です．

$$\begin{cases} 3x + y + 2z \equiv 2 & \cdots (1) \\ 2x + 3y + 4z \equiv 3 & \cdots (2) \\ 4x + 2y + 2z \equiv 1 & \cdots (3) \end{cases}$$

まず，(1) の両辺に $3x + 2z$ の補数である $2x + 3z$ を加えて，

$$y \equiv 2 + 2x + 3z$$

これを (2), (3) に代入して

$$2x + 3(2 + 2x + 3z) + 4z \equiv 3$$
$$4x + 2(2 + 2x + 3z) + 2z \equiv 1$$

左辺を整理するとそれぞれ $3x + 3z + 1$, $3x + 3z + 4$ ですから，これらの式はともに

$$3x + 3z \equiv 2$$

となります．つまり，もとの 3 つの方程式は次の 2 つの方程式と同値です．

$$\begin{cases} 3x + 3z \equiv 2 & \cdots (4) \\ y \equiv 2 + 2x + 3z & \cdots (5) \end{cases}$$

また，(4) の両辺に $3x$ の補数である $2x$ を加えると

$$3z \equiv 2 + 2x$$

両辺に 3 の逆数である 2 を掛けて

$$z \equiv 2 \times 2 + 2x \times 2 \equiv 4 + 4x$$

これを (5) に代入して,

$$y \equiv 2 + 2x + 3(4 + 4x) \equiv 4 + 4x$$

結局, 最初の連立方程式は次のようになります.

$$\begin{cases} y \equiv 4 + 4x & \cdots(6) \\ z \equiv 4 + 4x & \cdots(7) \end{cases}$$

(6), (7) の式は, x を勝手に決めれば y, z はそれに応じて 1 つずつ決まるということですから, 解は x のとり方の数だけあります. つまり, この連立方程式の解は次の 5 つです.

$$\begin{cases} x \equiv 0 \\ y \equiv 4 \\ z \equiv 4 \end{cases}, \quad \begin{cases} x \equiv 1 \\ y \equiv 3 \\ z \equiv 3 \end{cases}, \quad \begin{cases} x \equiv 2 \\ y \equiv 2 \\ z \equiv 2 \end{cases}, \quad \begin{cases} x \equiv 3 \\ y \equiv 1 \\ z \equiv 1 \end{cases}, \quad \begin{cases} x \equiv 4 \\ y \equiv 0 \\ z \equiv 0 \end{cases}$$

これらが実際に最初の方程式の解になっていることを確認しておいてください.

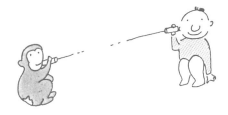

コラム1● 4次元ではどんな結び目もほどける！

　私たちの住んでいるこの世界は，3次元空間ですから，結び目も3次元にあるものとして，この本では取り扱っています．では，結び目が4次元にあったらどうなるでしょうか？　いきなり4次元と言っても分かりにくいかと思いますが，3次元空間を3つの座標軸 x, y, z で表したように，4つの座標軸 x, y, z, t で表されるのが4次元の世界です．t というのは時間を表していると考えてみましょう．すると，4次元の世界というのは，時間も自由に移動できる世界ということになります．

　3次元空間の中で，2つの円周が次の左図のように絡んでいるとしましょう．コラム3で示しますが，3次元空間ではこれらの円周を右図のように離すことはできません．

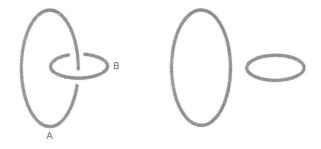

　ところが，この左図のように絡んだ円周も4次元の世界では，次のように簡単にはずすことができます．この図の存在する時刻を $t = 0$ とします．そして，Bの円周はそのままにしてAの円周を少し未来に持っていきます．すると，その時刻にはBの円周は存在しませんから，Bと引っ掛かることなくAの円周を左の方に持っていけます．そして，十分左に持っていったところで，Aの円周を現在に持って帰ってきます．そうすると，右図のように2つの円周を離すことができます．

　これと同じようなことを，次のような結び目の交差の部分で行なってみましょう．

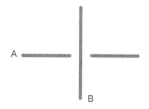

　A と書いた部分をつまんで，少し未来に持っていきます．すると，そこには B の部分はありませんから，A を上に移動させることができます．そして，十分上に移動させた後で現在に持って帰ってくると，A と B の交差は次のように逆になっています．

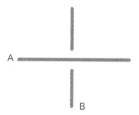

　この操作を次の結び目に対して行なうと，どうなるでしょうか？

　図の交点 X に上で説明した操作を施すと，次ページの図のようになります．

　この図で表された結び目はほどけてしまいます！　他の結び目について
も，適当に（1回とは限りませんが）交差を入れ替えることによって，ほ
どけることが分かります．つまり，4次元の世界を自由に移動できるので
あれば，結び目はすべてほどけるのです．

5章

ライデマイスター移動

合同式の説明に大分紙数をとられてしまいましたが，再び結び目の話に戻ることにしましょう．この章では，空間内にある結び目を平面上の図形として扱う方法を考えてみましょう．

1●平面上の図形の同値変形とは

第1章と第2章で，結び目が同値とはどういうことかを定義しました．しかし，その定義は（3次元）空間の中で移せるかどうかというものであったため，かなり扱いにくいものです．人間は3次元空間で生きているとはいえ，ほとんど地上にくっついて生きているためか，目が2次元（平面）しかとらえられないためかは分かりませんが，どうも空間を頭の中に思い描くのは難しいようです．結び目をなんとかして平面上だけで扱うわけにはいかないでしょうか．

第1章で説明したように，結び目を平面図形として表すことはできますが，同じ結び目でもまったく違ったような図になることがあります．（22～25ページの図をもう一度見てください．）しかし，一見違った射影図で表されていても，空間の中では一致させることができるのですから，その変形の過程を平面上に表すことはできます．そこで，その変形の過程をいくつかのパターンに分類しようというのが，この章の目的です．

まず，どのような平面図形を同じと思うかということを考えてみましょう．第1章で，どのような結び目を同じと思うかということについて考えましたが，こ

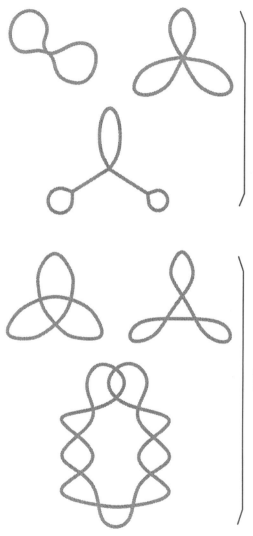

結び目の射影図と
しては現れない

結び目の射影図
になる

こでも同じような考え方をしてみます.

　話を簡単にするために，結び目の射影図として現れるような図形だけを扱います. ただし，ここでは交点は<u>本当</u>に交わっているものと考えます. すると結び目の射影図は，自分自身と何回か交わるような閉じた曲線になります. また，その交点は接することなく交わっているものとします.（前のページの図）

　平面の上の合同変形については第2章で説明しました. ここでは交点をもった閉じた曲線を，もっと自由に動かせる同値変形を考えます. そのために，交点をもった閉じた曲線が細いゴムひもでできていると考えましょう. 交点はくっついているものとします. そのようなひもを平面の上に乗せたまま伸縮自在に動かすことを，**平面上の同値変形**と定めます. そのとき，ひも同士は（すでに交わっている部分以外は）交わらないようにします. たとえば次のページのような変形が，同値変形です.

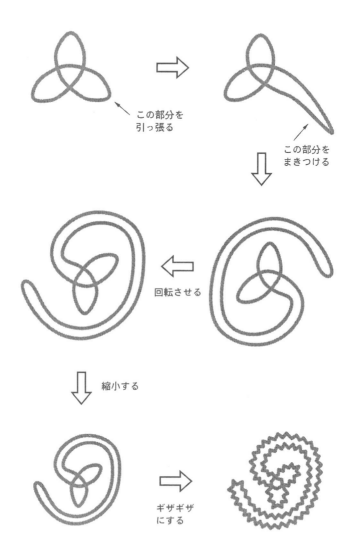

この部分を
引っ張る

この部分を
まきつける

回転させる

縮小する

ギザギザ
にする

　この同値変形を使うと，次のような交点のない閉じた曲線はすべて同値になります．（三角形のような折れ線も曲線だと思うことにします．）

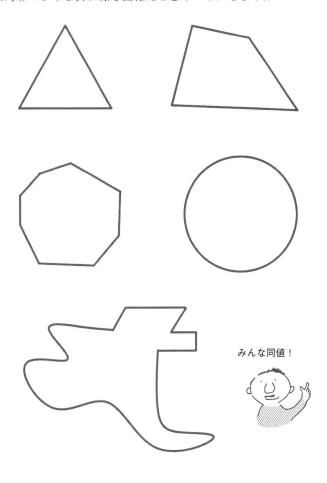

みんな同値！

　この同値変形の不変量として，交点の数というものが考えられます．上で説明したように，交点数が 0 の図形はすべて同値でした．では，交点数が等しい図形はすべて同値なのでしょうか？　次の 2 つの図形を考えてみましょう．

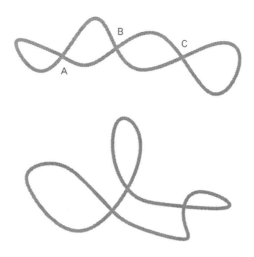

　この2つは同値ではありません．それは，下の図形の交点はどれも他の2つの交点と（交点のない）曲線でつながれているのに対し，上の図形は交点 A と C をつなぐには必ず一度は交点 B を通らなければならないからです．このように交点数が同じでも，それらの交点のつながり方が違っていると同値にはなれないのです．

2●空間内の同値変形を平面上で表そう
（ライデマイスター移動）

　前の節で平面上の同値変形を定義しましたが，「結び目の射影図が平面上で同値でないから結び目も同値ではない」と言っていいのでしょうか？　たとえば，前の節の最後で同値ではないことを示した図形の表す結び目を考えましょう．図形としては交点の上下は考えていませんので，適当に上下関係をつけることにします(次ページの上図)．するとすぐに分かるように，この2つの射影図はほどける結び目を表しています．つまり，射影図は平面上で同値でなくても結び目は同値となることがあるのです．

　このように，結び目を平面上の図形として表したのはよいのですが，同値かどうかを判定するには，もう一度空間の中で考えなければならないようです．

　たとえば，第1章で同値な結び目であると言った，次の2つの結び目の射影図について，今度は，変形の途中で結び目の射影図がどうなるかを考えてみましょう．第1章で出てきた

を

に変形してみます.

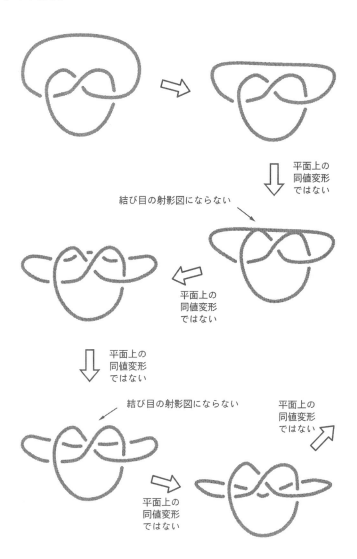

結び目の射影図にならない

平面上の
同値変形
ではない

平面上の
同値変形
ではない

平面上の
同値変形
ではない

結び目の射影図にならない

平面上の
同値変形
ではない

平面上の
同値変形
ではない

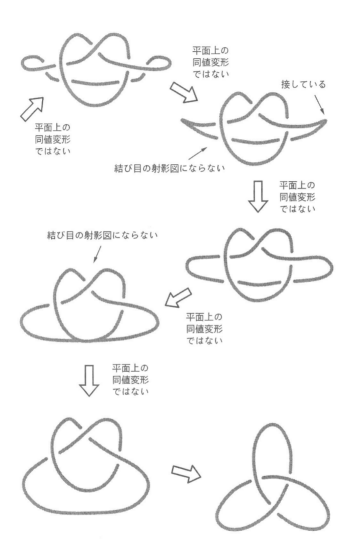

平面上の
同値変形
ではない

接している

平面上の
同値変形
ではない

結び目の射影図にならない

平面上の
同値変形
ではない

結び目の射影図にならない

平面上の
同値変形
ではない

平面上の
同値変形
ではない

　途中で結び目の射影図にはならない図形が出てきましたが，そのような図形はなくてもどう変形したかは理解できそうです．そこで今度は，結び目の射影図になっている図形だけを使って同じ変形を表してみましょう．

　この変形をよく見ると，平面上の図形としての同値変形ではありませんが，空間内の結び目としての同値変形であるような変形には，ある一定のパターンがあることが分かります．それがこれから述べるライデマイスター移動です．

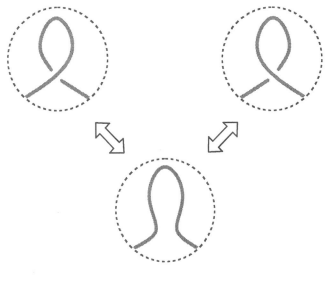

ライデマイスター移動 I

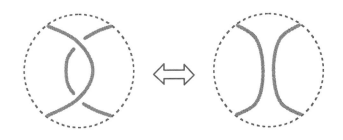

ライデマイスター移動 II

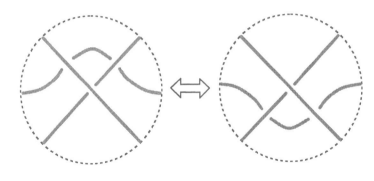

ライデマイスター移動 III

I, II, III は 102, 103 ページの
図のどの部分か当ててみよう.

　ただし，破線の外側にある図はまったく同じものであるとします．これら3つ
の変形をそれぞれ，**ライデマイスター移動 I, II, III** と呼びます．これらの変形
がどうして重要かというと，空間内の同値な変形はみな，この3つの変形（と平
面上の同値変形）の組み合わせに分解できるからです．たとえば先ほどの例は，
次ページの図のようにライデマイスター移動 I, II, III の組み合わせで実現できま
す．

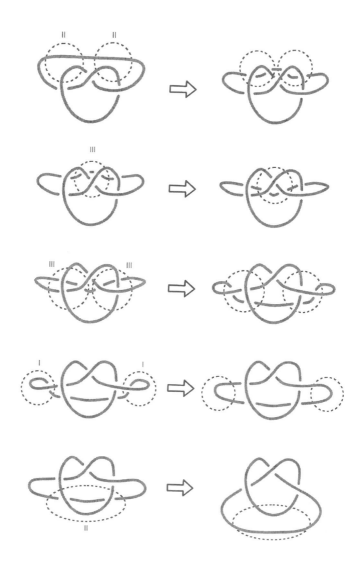

つまり,

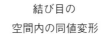

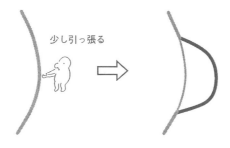

ということです.

　これで,結び目の不変量を作る大事な手掛かりが得られたことになります.結び目の不変量であるためには,空間内の同値変形で変わらない量である必要があったのですが,その代わりに「結び目の射影図の平面上の同値変形とライデマイスター移動で不変であればよい」のです.一見,ライデマイスター移動が増えただけややこしくなったように見えますが,すべてを平面上で扱えるというのはこの上もなく便利なものです.次の章でそれを明らかにしていきましょう.

　最後に,なぜ空間内の結び目の同値変形が,平面上の同値変形とライデマイスター移動の組み合わせだけで実現されるのかを考えてみましょう.
　空間内の同値変形を徐々に行なってみます.すると次のように,輪の一部を少し動かすことを繰り返していると考えてよいでしょう.

少し引っ張る

　その射影図も前ページの図のような変形が繰り返されていると考えられます.この図は輪のごく一部だけを拡大した図ですから,その他の部分も描き添えると,たとえば次の図のようになっています.

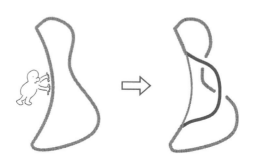

　ここで注意してもらいたいのは,図の中で太い黒い線で描いた以外の部分は動いていないことと,その太い黒い線で描いた部分は他の部分と絡んでいないということです.

　上の2つの図は平面上の図形としては同値ではありませんが,ライデマイスター移動IIで移り合います.

　もう少し複雑な図を考えてみましょう.

　この場合でも，ライデマイスター移動 I, II, III を使えば移り合います．どんな大きな変形でも，空間内の同値変形である以上，先ほど説明したような小さな変形の組み合わせでできていますから，ライデマイスター移動（と平面上の同値変形）を繰り返して得られることが分かります．

コラム 2 ● 鏡の国の結び目

　平面上の合同変形と，同値変形とを比べてみると，合同変形で移り合う図形はすべて同値変形で移り合うような気がするでしょう．しかし，次の2つの図形は合同ですが，平面上の同値変形では移り合いません．

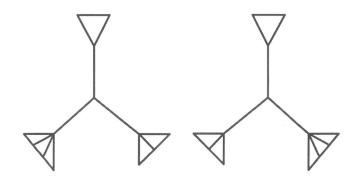

　左の図形を裏返せば右の図形になりますから，互いに合同なのはいいでしょう．ところが，この裏返すという操作が曲者です．同値変形ではこの裏返しの操作は許されていません．上の図の 3 本の枝の先についている図形は，どれも互いに同値ではありませんから，枝の順番を変えないかぎり，平面上で重ね合わせることはできません．いくら同値変形が伸縮自在だといっても順番を変えることはできませんから，上の 2 つの図形は同値にはなりません．

　「裏返す」という操作は，私たちが 3 次元空間に住んでいますから平気でやっていますが，この操作を行なうときに一度図形を平面から引き離している，ということに注意をする必要があります．この裏返すという操作は「鏡に映す」操作だと言ってもいいでしょう．それでは，3 次元空間で図形を鏡に映すとどうなるでしょうか？　次ページの図のように，どの部分の長さもそれぞれ同じですが，合同ではない図形（人間）ができてしまいます．

　同じようなことを結び目について考えてみましょう．次の図は，ひとえ結び目を鏡に映したものです．

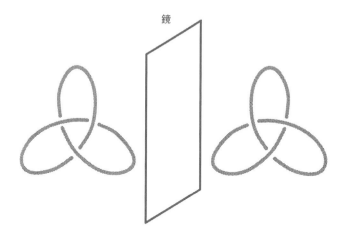

　この2つの結び目は，第1章で見つけた交点数が3の結び目です．そこで書いたように，この2つは同値ではありません．実は，これらを区別する方法をこの本で説明することはできません．ではこのひとえ結び目のように，鏡に映すと必ず同値でない結び目が得られるのでしょうか？　世の中はそれほど簡単にはできていないようで，たとえばおなじみの8の

字結び目は，次の図で示されるように鏡に映しても同値な結び目にしかなりません．（第 1 章で交点数が 4 の結び目を 1 つと言った理由が分かったでしょう.）

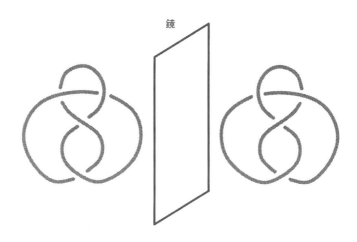

　その訳は次のページの図を見れば分かるでしょう.

　このように，結び目を鏡に映してみてまた同値になるかどうかというのは，未だに完全には解決されていない難しい問題です.

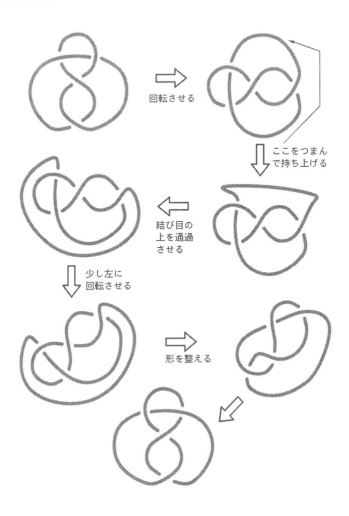

回転させる

ここをつまんで持ち上げる

結び目の上を通過させる

少し左に回転させる

形を整える

6章

結び目の不変量

この章ではいよいよ，この本の目的である結び目の不変量を定義します．第4章で説明した，整数の合同という考え方を使いますので，まだこの考え方に慣れていない人はもう一度第4章を読み返しておいてください．

1●不変量を定義しよう

結び目の不変量である "階数" というものを定義したいのですが，その前にいくつかの用語を説明しましょう．結び目の射影図は，交点においていくつかの曲線に分かれています．平面上の同値変形，ライデマイスター移動を行なう場合には，これらの曲線はくっついていると思って変形したのですが，ここでは別の曲線だと思うことにします．（つまり，図で見て離れているものは離れていると思ってください．）

　すると，下の図のように，交点の数が n の結び目の射影図のときには，全部で n 個の曲線ができることになります．（ただし，$n = 0$ のときは 1 個です．）これらの曲線のことを，結び目の射影図の定める**弧**と呼ぶことにしましょう．

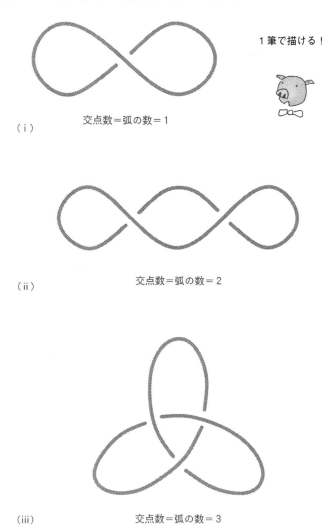

1筆で描ける！

交点数＝弧の数＝1
（ｉ）

交点数＝弧の数＝2
（ⅱ）

（ⅲ）　　　　交点数＝弧の数＝3

いま p という自然数をひとつ固定します．そして，1つの弧に 0 から $p-1$ までの整数のうちの1つを対応させたものをその弧の**重み**と呼び，すべての弧に重みがついた射影図を**重みのついた射影図**と呼ぶことにしましょう．たとえば $p=5$ としたとき，次の図は重みのついた射影図です．

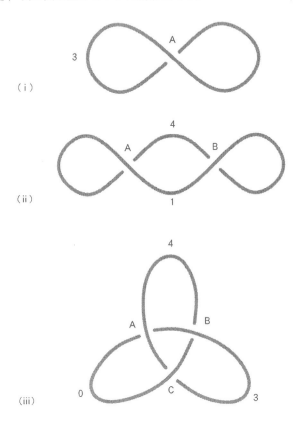

(i)

(ii)

(iii)

　さて，重みのついた射影図において 1 つの交点の周りに着目すると，次のようになっています（x, y, z は重み）．

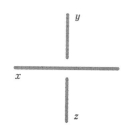

ここで，次のような条件（交点条件）を考えます．

　　（交点条件）　　　　　　$2x \equiv y + z \pmod{p}$

上の図を 180 度回転させると y と z が入れ換わりますが，交点条件のほうも y と z について対称ですから，この条件は y と z をどちらに選んでも矛盾なく定義されていることに注意してください．

　たとえば，前ページの図 (i) の交点 A においては $x = y = z = 3$ ですから，$2 \times 3 \equiv 3 + 3 \pmod{5}$ となって，交点条件をみたします．(ii) の交点 A では $x = 1$，$y = 4$，$z = 1$ ですから，$2 \times 1 \not\equiv 4 + 1 \pmod{5}$ となり，交点条件をみたしません．同様にして，(ii) の交点 B，(iii) の交点 B, C では交点条件をみたさず，(iii) の交点 A では交点条件をみたしています．（みなさん自身で確かめてみてください．）

　また，次のページの 2 つの図は，すべての交点で交点条件をみたす結び目の射影図の例です．

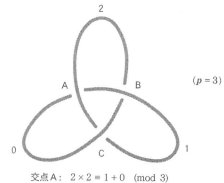

$(p = 3)$

交点 A： $2 \times 2 \equiv 1 + 0 \pmod 3$
交点 B： $2 \times 1 \equiv 2 + 0 \pmod 3$
交点 C： $2 \times 0 \equiv 2 + 1 \pmod 3$

（ i ）

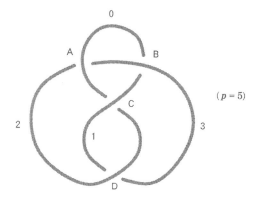

$(p = 5)$

交点 A： $2 \times 0 \equiv 2 + 3 \pmod 5$
交点 B： $2 \times 3 \equiv 0 + 1 \pmod 5$
交点 C： $2 \times 1 \equiv 0 + 2 \pmod 5$
交点 D： $2 \times 2 \equiv 1 + 3 \pmod 5$

（ ii ）

このような，すべての交点で交点条件をみたすような重みのことを，**適切な重みと呼ぶことにしましょう**．そして，結び目の射影図に対して，適切な重みのついた射影図がいくつあるか，その個数のことをその射影図の（p **を法とした**）**階数**と呼びます．

　たとえば，交点のない射影図に対しては交点条件が存在しませんから，適切な

重みとして 0 から $p-1$ までのどれをとってもよく，結局 p 個の値をとること
ができます．ですから，階数は p になります．

また次のような，交点が 1 個の射影図に対する交点条件は $2x \equiv x + x$
$(\bmod p)$ で，これはすべての x について成り立ちますから，この射影図の階数
も p です．

また，交点が 2 個の場合も p を法とした階数は p であることが分かります．

もっと複雑な結び目の射影図について，その階数をどう計算するかは次の章で
行なうことにしましょう．

2 ●不変量であることの証明（ちょっと難しいぞ！）

この節では，前の節で説明した

　「結び目の射影図の p を法とした階数が，（すべての自然数 p に対して）結
び目の不変量となっていること」

を示しましょう．

第 5 章で説明したように，階数が平面上の同値変形とライデマイスター移動に
よって変化しないことを示せば十分です．そのためには，変形を行なう前の射影
図上の適切な重みのつけ方と，変形を行なった後の射影図上の適切な重みのつけ
方が 1 対 1 に対応することがいえればよいのです．

2 以上の自然数 p についての合同式の計算が出てきますが，使うのは足し算と
引き算（と 2 倍すること）だけですから，第 3 章で説明したような割り算の難
しさは関係ありません．また，計算の中で引き算の記号をそのまま使っています
が，これは「補数を加える」という意味だと思ってください．

★平面上の同値変形によって変わらないこと

まず，平面上の同値変形を行なう前と後では，図形の交点は変わりませんから，それらは1対1に対応します．そして，各交点をつないでいる曲線のつながり方も同じです．ですから，弧も1対1に対応し，適切な重みも1対1に対応することになります．これで，平面上の同値変形によって階数が変わらないことが分かりました．

★ライデマイスター移動Iによって変わらないこと

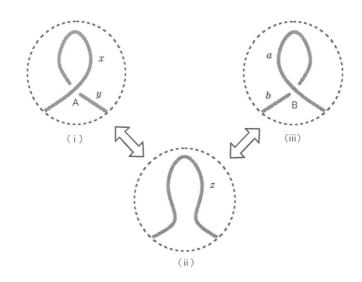

まず，上の図の (i) のような部分が結び目射影図にあったとしましょう．図のように重みをつけると，交点 A における交点条件は

$$2x \equiv x + y \pmod{p}$$

となります．両辺から x を引くと

$$x \equiv y \pmod{p}$$

が得られます．(iii) についても同様に

$$a \equiv b \pmod{p}$$

となります. つまり, (i), (iii) のような部分に交点条件をみたす重みをつけよう
とすれば, 同じ重みでなければならなくなります.

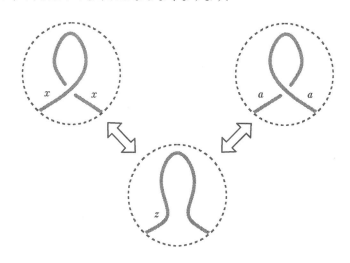

　結局, 交点条件をみたすように重みをつけようとすると上の図のようになりま
す. ここで, $x = a = z$ ととることにより適切な重みに 1 対 1 の対応がつくこと
になり, ライデマイスター移動 I による階数の不変性が示せました.

★ライデマイスター移動 II によって変わらないこと

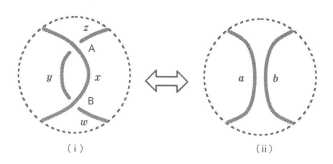

上の図 (i) のように重みをとると, A, B における交点条件はそれぞれ

$$\begin{cases} 2x \equiv y + z \pmod{p} & \cdots(1) \\ 2x \equiv y + w \pmod{p} & \cdots(2) \end{cases}$$

となります. $(1) - (2)$ を計算すると

$$0 \equiv z - w \pmod{p} \quad \cdots(3)$$

つまり, $w \equiv z \pmod{p}$ が分かります. また, (1) の両辺から z を引くことにより

$$y \equiv 2x - z \pmod{p}$$

となりますから, y は x, z を決めれば自動的に決まります. 以上のことから, 上の図の部分に交点条件をみたすように重みをつけようとすると, 次の図のようになることが分かります. 先ほどと同じように $x = a, z = b$ ととることにより, 適切な重みは 1 対 1 に対応することが分かります. ($2x - z$ という重みは x と z によって自動的に決まってしまうことに注意してください.)

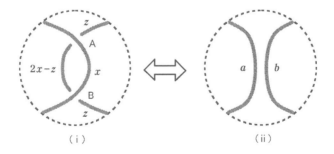

（ⅰ）　　　　　　　　　　　　（ⅱ）

　こうして, ライデマイスター移動 II によって階数が変わらないことが分かりました.

★ **ライデマイスター移動 Ⅲ によって変わらないこと**

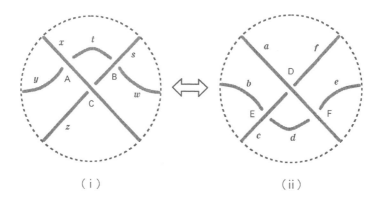

（ⅰ）   （ⅱ）

　上の図のように重みをとります．(ⅰ) の交点条件は

$$A:\quad 2x \equiv y + t \quad (\mathrm{mod}\ p) \quad \cdots(1)$$
$$B:\quad 2s \equiv t + w \quad (\mathrm{mod}\ p) \quad \cdots(2)$$
$$C:\quad 2x \equiv s + z \quad (\mathrm{mod}\ p) \quad \cdots(3)$$

となります．前と同様にして，(1) から

$$t \equiv 2x - y \quad (\mathrm{mod}\ p)$$

(3) から

$$s \equiv 2x - z \quad (\mathrm{mod}\ p)$$

がでます．これらを (2) に代入して

$$2(2x - z) \equiv 2x - y + w \quad (\mathrm{mod}\ p)$$

が得られます．これから，

$$w \equiv 2x + y - 2z \quad (\mathrm{mod}\ p)$$

となります．つまり，s, t, w は x, y, z により決まってしまいます．
　次に，(ⅱ) の交点条件は

$$\text{D}: \quad 2a \equiv c + f \quad (\text{mod } p) \quad \cdots (4)$$
$$\text{E}: \quad 2c \equiv b + d \quad (\text{mod } p) \quad \cdots (5)$$
$$\text{F}: \quad 2a \equiv d + e \quad (\text{mod } p) \quad \cdots (6)$$

です. (5) から

$$d \equiv 2c - b \quad (\text{mod } p)$$

がでます. これを (6) に代入して

$$2a \equiv 2c - b + e \quad (\text{mod } p)$$

となり, これから

$$e \equiv 2a + b - 2c \quad (\text{mod } p)$$

となります. また, (4) から

$$f \equiv 2a - c \quad (\text{mod } p)$$

ですから, 結局 d, e, f は a, b, c により決まってしまいます.

　以上のことから, 上の図の弧に交点条件をみたすように重みをつけると, 次の図のようになります.

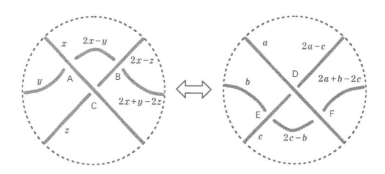

　このときも, $x = a,\ y = b,\ z = c$ ととることによって適切な重み が 1 対 1 に対応します. これで, ライデマイスター移動 III によって階数が変わらないことが示せました.

　以上のことを合わせると，結局，平面上の同値変形とライデマイスター移動によって階数が変わらないことが分かりました．すなわち，階数が結び目の不変量となることが分かりました．

　ですから，これからは結び目の射影図の階数のことを**結び目の階数**と呼んでも不都合は生じないことになります．

7章

不変量の計算

　この章では，前の章で定義した結び目の階数を実際に計算してみます．そして，本当にほどけない結び目があることを示そうと思います．

　交点のない結び目の射影図については，すべての p に対して，p を法とした階数は p でした．階数が結び目の同値類の不変量となることを使うと，交点のない射影図の表す結び目に同値な結び目，つまり，ほどける結び目の p を法とした階数は，すべての p に対して p となることが分かります．ですから，p を法とした階数が p ではない結び目があれば，それはほどけないということになります．

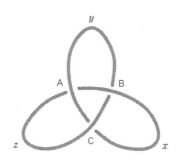

1 ●ひとえ結び目

まず，前のページの図で表された結び目について，その階数を計算してみましょう．（これはひとえ結びと同値でした．）各弧の重みを図のようにとります．

(i) 2 を法とした階数

各交点での交点条件は次のようになります．

$$A での交点条件　2y \equiv x + z \quad (\mathrm{mod}\ 2) \quad \cdots (1)$$
$$B での交点条件　2x \equiv y + z \quad (\mathrm{mod}\ 2) \quad \cdots (2)$$
$$C での交点条件　2z \equiv x + y \quad (\mathrm{mod}\ 2) \quad \cdots (3)$$

この 3 つの方程式をみたす x, y, z $(0 \leq x \leq 1,\ 0 \leq y \leq 1,\ 0 \leq z \leq 1)$ の組の数が，上の射影図で表された結び目の 2 を法とした階数になるわけです．2 を法とした計算では $2 \equiv 0$ ですから，上の 3 つの方程式は

$$0 \equiv x + z \quad (\mathrm{mod}\ 2) \quad \cdots (1)'$$
$$0 \equiv y + z \quad (\mathrm{mod}\ 2) \quad \cdots (2)'$$
$$0 \equiv x + y \quad (\mathrm{mod}\ 2) \quad \cdots (3)'$$

になります．$(1)'$ の両辺に x を加えると $x \equiv z\ (\mathrm{mod}\ 2)$ となります．同じようにして $(2)', (3)'$ から，$y \equiv z\ (\mathrm{mod}\ 2),\ x \equiv y\ (\mathrm{mod}\ 2)$ が得られますから，これら 3 つの式から $x \equiv y \equiv z\ (\mathrm{mod}\ 2)$ という関係がでてきます．これは，x を 1 つ決めれば y, z は自動的に決まる，また，x は勝手に決めてよいというわけですから，適切な重みのつけ方は

$$x \equiv y \equiv z \equiv 0 \quad (\mathrm{mod}\ 2)$$
$$x \equiv y \equiv z \equiv 1 \quad (\mathrm{mod}\ 2)$$

の 2 通りあることが分かります．ですから，前のページの図で表された結び目の 2 を法とする階数は 2 となります．

残念ながら，これではひとえ結び目がほどけるかどうかは分かりません．

(ii) 3 を法とした階数

各交点での交点条件は次のようになります．

$$\text{A での交点条件} \quad 2y \equiv x + z \pmod 3 \quad \cdots(1)$$
$$\text{B での交点条件} \quad 2x \equiv y + z \pmod 3 \quad \cdots(2)$$
$$\text{C での交点条件} \quad 2z \equiv x + y \pmod 3 \quad \cdots(3)$$

この 3 つの方程式をみたす x, y, z ($0 \leqq x \leqq 2$, $0 \leqq y \leqq 2$, $0 \leqq z \leqq 2$) の組の数が，127 ページの射影図で表された結び目の階数になるわけです．まず (1) の両辺に $2y$ の補数である y を加えると

$$x + y + z \equiv 0 \pmod 3 \quad \cdots(4)$$

となります．同様にして (2), (3) からも同じ式が得られますから，この図で表された重みのついた結び目の射影図の交点条件は (4) だけになってしまいます．(4) の両辺に $y + z$ の補数である $2y + 2z$ を加えると

$$x \equiv 2y + 2z \pmod 3$$

となります．この式によって y と z を決めれば x が 1 つ定まります．また y と z は勝手に選べるので，結局 y として 0 から 2 までの 3 つの値を，z として 0 から 2 までの 3 つの値をとることができます．つまり，すべての交点条件をみたす重みのついた結び目の射影図の数は $3 \times 3 = 9$ 個ということになり，127 ページの射影図で表された結び目の 3 を法とした階数は 9 ということが分かりました．

ほどける結び目の 3 を法とした階数は 3 でしたから，これでひとえ結び目はほどけないということが示せたことになります！

(iii) 4 を法とした階数
交点条件は，

$$\text{A での交点条件} \quad 2y \equiv x + z \pmod 4 \quad \cdots(1)$$
$$\text{B での交点条件} \quad 2x \equiv y + z \pmod 4 \quad \cdots(2)$$
$$\text{C での交点条件} \quad 2z \equiv x + y \pmod 4 \quad \cdots(3)$$

です．(1) から $x \equiv 2y + 3z$ がでます．これを (2) に代入して，$2(2y + 3z) \equiv y + z$ が得られます．$2 \times 2 \equiv 0$ に注意して整理すると $z \equiv y$ となります．ですから，$x \equiv 2y + 3z \equiv y$ です．結局 $x \equiv y \equiv z$（これは (3) もみたす）となって，

2 を法とした場合と同様に適切な重みの数は 4 となります.

　つまり, 4 を法としたのでは, ひとえ結び目がほどけるかどうかは分からないことになります.

(iv)　5 を法とした階数

交点条件は,

$$A \text{ での交点条件} \quad 2y \equiv x+z \quad (\bmod 5) \quad \cdots (1)$$
$$B \text{ での交点条件} \quad 2x \equiv y+z \quad (\bmod 5) \quad \cdots (2)$$
$$C \text{ での交点条件} \quad 2z \equiv x+y \quad (\bmod 5) \quad \cdots (3)$$

です. (1) から $x \equiv 2y + 4z$ がでます. これを (2) に代入して $4y + 3z \equiv y + z$, 整理して $3y \equiv 3z$ が得られます. この式の両辺に 3 の逆数である 2 を掛けて $y \equiv z$ となります. また, $x \equiv 2y + 4z \equiv z$ ですから, この場合も $x \equiv y \equiv z$ となり階数は 5 です.

　5 を法とした場合も, ほどけるかどうかは分かりません.

　とまぁ, このようにいくらでも計算はできるのですが, とりあえずひとえ結び目がほどけないことが分かりましたので, このあたりで止めておきます. ひとえ結び目の階数が一般にどのようになるかは, みなさんへの宿題にしておきましょう.

2●8 の字結び目

　次に, 8 の字結び目の階数を計算してみましょう. 各弧の重みを次のページの図のようにとります.

(ⅰ)　2 を法とした階数

各交点での交点条件は, 次のようになります.

$$A \text{ での交点条件} \quad 2x \equiv y+z \quad (\bmod 2) \quad \cdots (1)$$
$$B \text{ での交点条件} \quad 2w \equiv x+y \quad (\bmod 2) \quad \cdots (2)$$
$$C \text{ での交点条件} \quad 2y \equiv w+z \quad (\bmod 2) \quad \cdots (3)$$
$$D \text{ での交点条件} \quad 2z \equiv x+w \quad (\bmod 2) \quad \cdots (4)$$

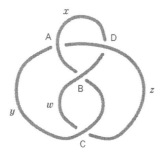

2 を法としていますから，上の 4 つの式は

$$0 \equiv y + z \quad (\bmod\ 2) \quad \cdots (1)'$$
$$0 \equiv x + y \quad (\bmod\ 2) \quad \cdots (2)'$$
$$0 \equiv w + z \quad (\bmod\ 2) \quad \cdots (3)'$$
$$0 \equiv x + w \quad (\bmod\ 2) \quad \cdots (4)'$$

となります．$(1)', (2)', (3)', (4)'$ からそれぞれ $y \equiv z$, $x \equiv y$, $w \equiv z$, $x \equiv w$ が得られます．ですから，$x \equiv y \equiv z \equiv w$ となり，これらをみたすものは

$$x \equiv y \equiv z \equiv w \equiv 0 \quad (\bmod\ 2)$$
$$x \equiv y \equiv z \equiv w \equiv 1 \quad (\bmod\ 2)$$

の 2 つ，つまり，2 を法とした階数は 2 となります．

2 を法としたのでは，8 の字結び目がほどけるかどうかは分かりません．

(ii)　3 を法とした階数
交点条件は

$$\text{A での交点条件} \quad 2x \equiv y + z \quad (\bmod\ 3) \quad \cdots (1)$$
$$\text{B での交点条件} \quad 2w \equiv x + y \quad (\bmod\ 3) \quad \cdots (2)$$
$$\text{C での交点条件} \quad 2y \equiv w + z \quad (\bmod\ 3) \quad \cdots (3)$$
$$\text{D での交点条件} \quad 2z \equiv x + w \quad (\bmod\ 3) \quad \cdots (4)$$

です．(1) から $y \equiv 2x + 2z$ がでます．また，(4) から $w \equiv 2z + 2x$ がでます．

これらを (2), (3) に代入して

$$2(2z + 2x) \equiv x + (2x + 2z) \pmod 3 \quad \cdots (2)'$$
$$2(2x + 2z) \equiv (2z + 2x) + z \pmod 3 \quad \cdots (3)'$$

が得られます．$(2)'$ を整理すると $x \equiv z$，また，$(3)'$ からも同じ式がでます．$y \equiv 2x + 2z \equiv x$，$w \equiv 2z + 2x \equiv x$ ですから，結局 $x \equiv y \equiv z \equiv w$ となり，前のページの図で表された結び目の 3 を法とした階数は 3 です．ひとえ結び目と違い，8 の字結び目は 3 を法とした階数ではほどけるかどうかは分かりません．

(iii)　4 を法とした階数
交点条件は

A での交点条件　$2x \equiv y + z \pmod 4$ $\cdots (1)$
B での交点条件　$2w \equiv x + y \pmod 4$ $\cdots (2)$
C での交点条件　$2y \equiv w + z \pmod 4$ $\cdots (3)$
D での交点条件　$2z \equiv x + w \pmod 4$ $\cdots (4)$

です．(1), (4) から $y \equiv 2x + 3z$，$w \equiv 2z + 3x$ がでます．これらを (2), (3) に代入して

$$2(2z + 3x) \equiv x + (2x + 3z) \pmod 4 \quad \cdots (2)'$$
$$2(2x + 3z) \equiv (2z + 3x) + z \pmod 4 \quad \cdots (3)'$$

となります．$(2)'$, $(3)'$ からともに $z \equiv x$ がでますから，3 を法とした場合と同様にして $x \equiv y \equiv z \equiv w$ となり，8 の字結び目の 4 を法とした階数は 4 になります．したがって，まだほどけるかどうかは分かりません．

(iv)　5 を法とした階数
交点条件は

A での交点条件　$2x \equiv y + z \pmod 5$ $\cdots (1)$
B での交点条件　$2w \equiv x + y \pmod 5$ $\cdots (2)$
C での交点条件　$2y \equiv w + z \pmod 5$ $\cdots (3)$
D での交点条件　$2z \equiv x + w \pmod 5$ $\cdots (4)$

です. (1), (4) から $y \equiv 2x + 4z$, $w \equiv 2z + 4x$ がでます. これらを (2), (3) に代入して

$$2(2z + 4x) \equiv x + (2x + 4z) \pmod 5 \quad \cdots (2)'$$
$$2(2x + 4z) \equiv (2z + 4x) + z \pmod 5 \quad \cdots (3)'$$

となります. 5 を法としていますから, $(2)'$ の左辺は $4z + 3x$ となって, 右辺と同じになります. 同様に $(3)'$ の左辺と右辺は一致します. つまり, x と z にはなんの条件もつかないということです. また, y, w は x, z の組を 1 つ選べば

$$\begin{cases} y \equiv 2x + 4z \\ w \equiv 2z + 4x \end{cases}$$

という式によって決まります. ですから, 5 を法とした階数は x と z の組の数, つまり $5 \times 5 = 25$ になります.

ほどける結び目の 5 を法とした階数は 5 でしたから, これでようやく 8 の字結び目はほどけないことが示せました.

いままでの計算結果をまとめてみましょう.

結び目の階数の表

結び目　＼　法とする数	2	3	4	5
ほどける結び目	2	3	4	5
ひとえ結び目	2	9	4	5
8 の字結び目	2	3	4	25

この表を見ると, ほどける結び目, ひとえ結び目, 8 の字結び目はそれぞれ違う結び目であることが分かります. ここに, 階数が結び目の不変量であることが効いてくるわけです.

また, ここでは計算しませんでしたが, 交点数が 7 以下の結び目の p を法とした階数 $(p \leqq 21)$ を挙げておきます(134, 135 ページ). 元気のある方はぜひ実際に計算してみてください. コンピューターでプログラムが書ける人にはわりあい簡単にできると思います. (よいプログラムができたら知らせてください.)

交点数が 7 以下の結び目の p を法とした階数の表 ($p \leqq 21$)

結び目 ＼ p	2	3	4	5	6	7	8	9	10	11	12
0_1	2	3	4	5	6	7	8	9	10	11	12
3_1	2	9	4	5	18	7	8	27	10	11	36
4_1	2	3	4	25	6	7	8	9	50	11	12
5_1	2	3	4	25	6	7	8	9	50	11	12
5_2	2	3	4	5	6	49	8	9	10	11	12
6_1	2	9	4	5	18	7	8	81	10	11	36
6_2	2	3	4	5	6	7	8	9	10	121	12
6_3	2	3	4	5	6	7	8	9	10	11	12
7_1	2	3	4	5	6	49	8	9	10	11	12
7_2	2	3	4	5	6	7	8	9	10	121	12
7_3	2	3	4	5	6	7	8	9	10	11	12
7_4	2	9	4	25	18	7	8	27	50	11	36
7_5	2	3	4	5	6	7	8	9	10	11	12
7_6	2	3	4	5	6	7	8	9	10	11	12
7_7	2	9	4	5	18	49	8	27	10	11	36
$3_1 \sharp 3_1$	2	27	4	5	54	7	8	81	10	11	108
$3_1 \sharp \overline{3_1}$	2	27	4	5	54	7	8	81	10	11	108
$3_1 \sharp 4_1$	2	9	4	25	18	7	8	27	50	11	36

前ページの表のつづき

結び目 ＼ p	13	14	15	16	17	18	19	20	21
0_1	13	14	15	16	17	18	19	20	21
3_1	13	14	45	16	17	54	19	20	63
4_1	13	14	75	16	17	18	19	100	21
5_1	13	14	75	16	17	18	19	100	21
5_2	13	98	15	16	17	18	19	20	147
6_1	13	14	45	16	17	162	19	20	63
6_2	13	14	15	16	17	18	19	20	21
6_3	169	14	15	16	17	18	19	20	21
7_1	13	98	15	16	17	18	19	20	147
7_2	13	14	15	16	17	18	19	20	21
7_3	169	14	15	16	17	18	19	20	21
7_4	13	14	225	16	17	54	19	100	63
7_5	13	14	15	16	289	18	19	20	21
7_6	13	14	15	16	17	18	361	20	21
7_7	13	98	45	16	17	54	19	20	441
$3_1 \sharp 3_1$	13	14	135	16	17	162	19	20	189
$3_1 \sharp \overline{3_1}$	13	14	135	16	17	162	19	20	189
$3_1 \sharp 4_1$	13	14	225	16	17	54	19	100	63

　ここで, 0_1, 3_1, 4_1, 5_1, ⋯ というのは, 次の図で表された結び目のことです.
（0_1 がほどける結び目, 3_1 がひとえ結び目, 4_1 が 8 の字結び目になります.）ま
た, $\overline{3_1}$ というのは 3_1 という結び目を鏡に映したときにできる結び目で, $3_1 \sharp 4_1$
などというのは 3_1 と 4_1 を合成してできる結び目です. この記号を注意して見る
と, 最初の 0, 3, 4, 5, ⋯ というのが交点の数を表していることが分かります.
（第 1 章の第 4 節を見てください.）

　この表を見ると, これらの結び目は（0_1 を除いて）すべてほどけないことが分
かります. ほかにもこの表から分かることは多いのですが, それについてはこの
次の節で説明します.

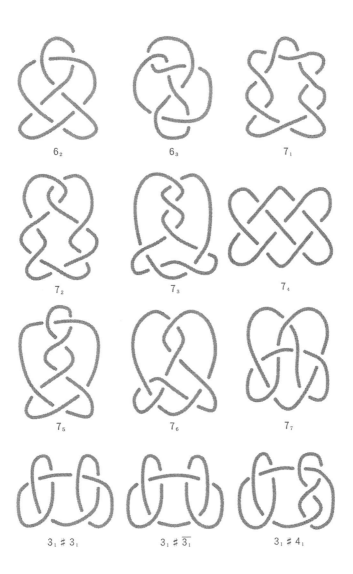

6_2 6_3 7_1

7_2 7_3 7_4

7_5 7_6 7_7

$3_1 \# 3_1$ $3_1 \# \overline{3_1}$ $3_1 \# 4_1$

3 ●結び目の不変量の性質を考えてみよう

134, 135 ページの表を見ているといくつか気づく点があります. たとえば, 3 を法とした階数はどれも 3 で割り切れますし, 5 を法とした階数はどれも 5 で割り切れます. また, 2, 4, 8, 16 を法とした階数は, すべてほどける結び目と同じになっています. こういったことは他の結び目についても言えるのでしょうか? この節では, このような結び目の階数の性質をいくつか説明しましょう.

(i) p を法とした階数は必ず p で割り切れる

結び目の射影図に適切な重みがついているものを考えましょう. 各交点での交点条件をもう一度思いだしてみると

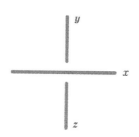

$$2x \equiv y + z \pmod{p}$$

でした. ここで, 各弧の重みに $t\ (0 \leqq t \leqq p-1)$ を足したものを考えましょう. すると, 交点条件は

$$2(x+t) \equiv (y+t) + (z+t) \pmod{p}$$

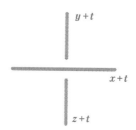

となります．ところが，

$$2(x+t) \equiv 2x + 2t \equiv (y+z) + 2t \equiv (y+t) + (z+t) \pmod{p}$$

ですから，このようにして得られた重みもすべての交点で交点条件をみたします．t の選び方は 0 から $p-1$ までの p 通りありますから，適切な重みが 1 つあれば p 個の適切な重みが得られることとなり，階数は p の倍数になります．

(ii) 2 を法とした階数は，つねに 2 である

2 を法としたときの交点条件は，$2x \equiv y + z \pmod 2$ ですが，2 を法とすると $2 \equiv 0$ ですから，この式は $0 \equiv y + z \pmod 2$ となります．両辺に y を足して，また $2 \equiv 0$ を使うと $y \equiv z \pmod 2$ が得られます．これが何を意味しているかを考えてみましょう．適切な重みのついた射影図では，交点において次のページの図のように下を通る弧の重みは（2 を法として）合同でなければならないのです．これはすべての弧の重みが等しいということを表しています．それは，ひとつの弧に z という重みをつければ，その弧の隣りの弧の重みも z というように，次々と重みが等しくなってしまうからです．

z の選び方は 0 と 1 の 2 通りですから，結局 2 を法としたときの適切な重みのつけ方は，全部 0 か全部 1 かの 2 通りしかないことになります．

（実は 2^n を法とした階数もすべて 2^n になるのですが，この本では証明しません．）

以上の 2 つの性質を頭に入れて，もう一度交点数が 7 以下の結び目の p を法とした階数 ($p \leqq 21$) の表を書いてみましょう（142, 143 ページ）．今度は，階数を p で割ったものを書いてあります．また，何も書いてないところは 1 を表します．

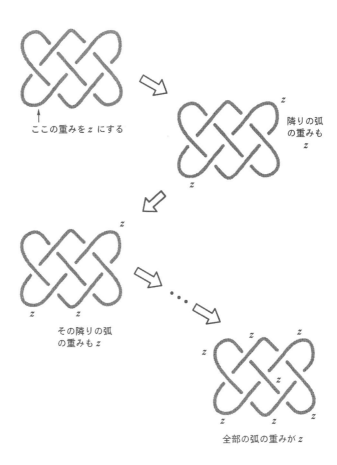

ここの重みを z にする

隣りの弧
の重みも
z

その隣りの弧
の重みも z

全部の弧の重みが z

こうすると，134, 135 ページの表に比べてずっと分かりやすくなったでしょう．0_1 以外は，どの結び目を見ても空欄でないところがありますから，ほどけないことがすぐ分かります．また，空欄でないところの現れ方にもなにか規則がありそうです．たとえば，3_1 で空欄でないところは，すべて 3 の倍数ですし，7_7 で空欄でないところは，3 の倍数か 7 の倍数です．これは，実は次のように説明できるのです．

(3_1（ひとえ結び目）の p を法とする階数）$\div p$ ＝ 3 と p の最大公約数

(4_1（8 の字結び目）の p を法とする階数）$\div p$ ＝ 5 と p の最大公約数

(5_1 の p を法とする階数）$\div p$ ＝ 5 と p の最大公約数

(5_2 の p を法とする階数）$\div p$ ＝ 7 と p の最大公約数

(6_1 の p を法とする階数）$\div p$ ＝ 9 と p の最大公約数

(6_2 の p を法とする階数）$\div p$ ＝ 11 と p の最大公約数

(6_3 の p を法とする階数）$\div p$ ＝ 13 と p の最大公約数

(7_1 の p を法とする階数）$\div p$ ＝ 7 と p の最大公約数

(7_2 の p を法とする階数）$\div p$ ＝ 11 と p の最大公約数

(7_3 の p を法とする階数）$\div p$ ＝ 13 と p の最大公約数

(7_4 の p を法とする階数）$\div p$ ＝ 15 と p の最大公約数

(7_5 の p を法とする階数）$\div p$ ＝ 17 と p の最大公約数

(7_6 の p を法とする階数）$\div p$ ＝ 19 と p の最大公約数

(7_7 の p を法とする階数）$\div p$ ＝ 21 と p の最大公約数

($3_1 \sharp 3_1$ の p を法とする階数）$\div p$

$\quad$ ＝ （3 と p の最大公約数）$\times$（3 と p の最大公約数）

($3_1 \sharp \overline{3_1}$ の p を法とする階数）$\div p$

$\quad$ ＝ （3 と p の最大公約数）$\times$（3 と p の最大公約数）

($3_1 \sharp 4_1$ の p を法とする階数）$\div p$

$\quad$ ＝ （3 と p の最大公約数）$\times$（5 と p の最大公約数）

交点数が7以下の結び目の p を法とした階数の表 ($p \leqq 21$)

$$\frac{\text{交点数が7以下の結び目の } p \text{ を法とした階数}}{p}$$

結び目 ＼ p	2	3	4	5	6	7	8	9	10	11	12
0_1											
3_1		3			3			3			3
4_1				5					5		
5_1				5					5		
5_2						7					
6_1		3			3			9			3
6_2										11	
6_3											
7_1						7					
7_2										11	
7_3											
7_4		3		5	3			3	5		3
7_5											
7_6											
7_7		3			3	7		3			3
$3_1 \sharp 3_1$		9			9			9			9
$3_1 \sharp \overline{3_1}$		9			9			9			9
$3_1 \sharp 4_1$		3		5	3			3	5		3

前ページの表のつづき

結び目 ＼ p	13	14	15	16	17	18	19	20	21
0_1									
3_1			3			3			3
4_1			5					5	
5_1			5					5	
5_2		7							7
6_1			3			9			3
6_2									
6_3	13								
7_1		7							7
7_2									
7_3	13								
7_4			15			3		5	3
7_5					17				
7_6							19		
7_7		7	3			3			21
$3_1 \sharp 3_1$			9			9			9
$3_1 \sharp \overline{3_1}$			9			9			9
$3_1 \sharp 4_1$			15			3		5	3

このように，一般に，結び目の p を法とする階数は

$$(T_1 と p の最大公約数) \times (T_2 と p の最大公約数) \times \cdots$$
$$\times (T_n と p の最大公約数)$$
$$(T_1, T_2, \cdots, T_n は 2 以上の自然数)$$

と表すことができることが知られています．

また，この表を見ただけでは

$$4_1 \quad と \quad 5_1$$
$$5_2 \quad と \quad 7_1$$
$$6_2 \quad と \quad 7_2$$
$$6_3 \quad と \quad 7_3$$
$$7_4 \quad と \quad 3_1 \sharp 4_1$$
$$3_1 \sharp 3_1 \quad と \quad 3_1 \sharp \overline{3_1}$$

が同値かどうかは分かりません．実はこれらの結び目が同値でないことは知られていますが，この本で説明している方法ではそれを証明することはできません．

コラム 3 ● 絡み目のはなし

これまでは 1 本の輪からできている結び目の話をしてきましたが，輪が 2 本あるいはそれ以上になるとどうなるでしょうか？　空間の中にある 1 本以上の輪のことを，**絡み目**と呼びます．結び目は輪が 1 つの絡み目だと考えられます．2 つの絡み目を空間の中で重ね合わせることができるとき同値であるというのも，結び目の場合の拡張です．たとえば，次の図で表されているのは，輪が 2 つの絡み目です．

(i)

(ii)

(iii)

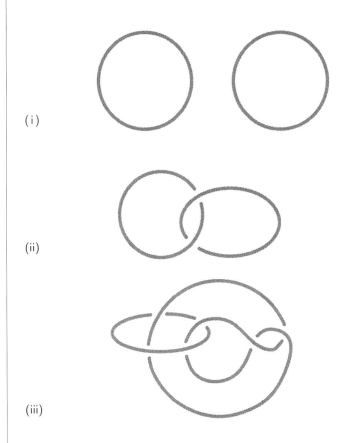

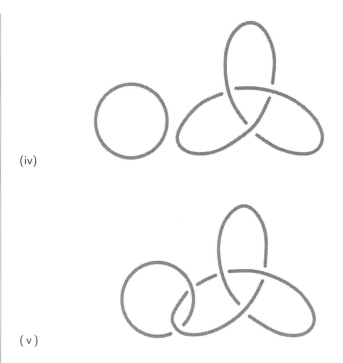

(iv)

(v)

　(i), (ii), (iii) は，それぞれの輪を結び目としてみたときにはほどけて
います．また，(iv), (v) はひとえ結び目を含んでいます．含まれている輪
の違いから，(i), (ii), (iii) と (iv), (v) とは違う絡み目であることが分か
ります．では，(i) と (ii) と (iii) はすべて違う絡み目なのでしょうか？
また，(iv) と (v) はどうでしょう？　実は全部違う絡み目なのですが，そ
れを示すのにもいままで説明してきた階数が有効なのです．

　具体的な計算はみなさんに任せるとして，それぞれの絡み目の p を法
とした階数 ($p \leqq 8$) を書いておきます．

絡み目 ＼ p	2	3	4	5	6	7	8
(i)	4	9	16	25	36	49	64
(ii)	4	3	8	5	12	7	16
(iii)	4	3	16	5	16	7	64
(iv)	4	27	16	25	108	49	64
(v)	4	9	8	5	36	7	16

　この表を見ると，これらの絡み目が全部互いに同値でないことが分かります．

　また，2 を法とした階数は結び目の場合と違って 4 になっています．なぜこうなるかは，みなさんへの宿題にしておきましょう．結び目のときになぜ 2 を法とする階数はつねに 2 になったかを考えれば分かると思います．

8章

結び目に向きをつけよう

第 6 章で定義した不変量を，複素数の世界に拡張します．そのために結び目に向きを
つけましょう．

---

p を法とした階数は，次の図のような交点において，z を $2x - y \pmod{p}$ と
決めることを繰り返して得られる弧の重みの個数として定義されました．

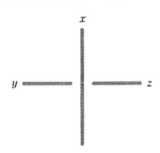

では $2x - y \pmod{p}$ 以外の決め方を使って，結び目の不変量は得られないで
しょうか？

結び目は，空間に入っている輪のことでした．輪を平面上に描くと，次ページ
の図のように時計回りと反時計回りの『向き』を考えることができます．

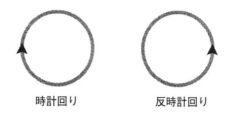

時計回り　　　　　反時計回り

同じようにして，空間の中に入っている輪である結び目にも向きを考えることが
できます．

　この章では，結び目を作っているひもにはどちらかに向きが決まっているとし
ます．その向きは，次の図のようにして矢印を使って表します．

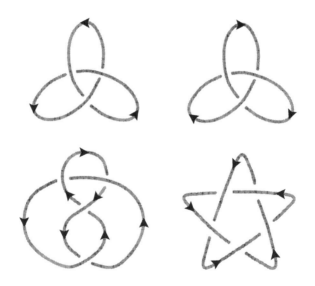

各交点では向きのついた弧が出会うことになります．

　なお，上の図のうち，最初の 2 つは向きのついた結び目として同値であること
が分かります．これは，次ページの図で示した軸の周りを 180 度回転させること
で分かります．

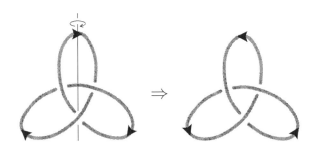

もちろん，前のページの上図で表された2つの向きのついたほどけた結び目は同値です．この本では説明できませんが，向きを変えると同値にならない結び目も存在します．

1●複素数の合同

向きのついた結び目での不変量を考えるために準備をしましょう．

これまでに使ってきた合同式は，整数をもとにしました．同じようなことを，複素数でやってみましょう．ただし，実部と虚部がともに整数となっているものを考えます．このような複素数を**ガウス整数**と呼びます．

i で虚数単位（つまり，$i^2 = -1$ をみたすもの）を表します．また，p を2以上の整数とします．2つのガウス整数 $a+bi$ と $c+di$（a,b,c,d は整数）が p を法として合同とは，$a \equiv c \pmod p$ かつ $b \equiv d \pmod p$ が成り立つことを言います．p を法としたガウス整数でも，足し算，引き算，掛け算が自由にできます．また，割り算ができたりできなかったりするのは，p を法とした整数の場合と同じです．

たとえば，$p = 3$ のとき，3を法としたガウス整数は $0, 1, 2, i, 1+i, 2+i, 2i, 1+2i, 2+2i$ の9つあり，その足し算と掛け算の表は次ページのようになります．

+	0	1	2	i	$1+i$	$2+i$	$2i$	$1+2i$	$2+2i$
0	0	1	2	i	$1+i$	$2+i$	$2i$	$1+2i$	$2+2i$
1	1	2	0	$1+i$	$2+i$	i	$1+2i$	$2+2i$	$2i$
2	2	0	1	$2+i$	i	$1+i$	$2+2i$	$2i$	$1+2i$
i	i	$1+i$	$2+i$	$2i$	$1+2i$	$2+2i$	0	1	2
$1+i$	$1+i$	$2+i$	i	$1+2i$	$2+2i$	$2i$	1	2	0
$2+i$	$2+i$	i	$1+i$	$2+2i$	$2i$	$1+2i$	2	0	1
$2i$	$2i$	$1+2i$	$2+2i$	0	1	2	i	$1+i$	$2+i$
$1+2i$	$1+2i$	$2+2i$	$2i$	1	2	0	$1+i$	$2+i$	i
$2+2i$	$2+2i$	$2i$	$1+2i$	2	0	1	$2+i$	i	$1+i$

　たとえば，$(1+2i)+(1+i)=2+3i$ ですが，3 を法として考えると，2 と合同になります．

×	0	1	2	i	$1+i$	$2+i$	$2i$	$1+2i$	$2+2i$
0	0	0	0	0	0	0	0	0	0
1	0	1	2	i	$1+i$	$2+i$	$2i$	$1+2i$	$2+2i$
2	0	2	1	$2i$	$2+2i$	$1+2i$	i	$2+i$	$1+i$
i	0	i	$2i$	2	$2+i$	$2+2i$	1	$1+i$	$1+2i$
$1+i$	0	$1+i$	$2+2i$	$2+i$	$2i$	1	$1+2i$	2	i
$2+i$	0	$2+i$	$1+2i$	$2+2i$	1	i	$1+i$	$2i$	2
$2i$	0	$2i$	i	1	$1+2i$	$1+i$	2	$2+2i$	$2+i$
$1+2i$	0	$1+2i$	$2+i$	$1+i$	2	$2i$	$2+2i$	i	1
$2+2i$	0	$2+2i$	$1+i$	$1+2i$	i	2	$2+i$	1	$2i$

　たとえば，$(1+2i)\times(1+i)=(1-2)+(2+1)i=-1+3i$ ですが，3 を法として考えると，2 と合同になります．

2●ガウス整数を使った不変量

　p を法としたガウス整数を使って，向きのついた結び目の不変量を考えましょう．

　まず，向きのついた結び目の射影図を考えます．また，各弧には，p を法とし
たガウス整数による重みがついているものとします．ある交点の周りでは次のよ
うになっています．

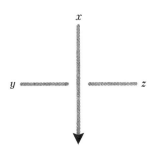

x, y, z は p を法としたガウス整数です．また，上を通る弧は下向きに向きがつい
ていて，下を通る弧の向きは考えていません．そこで，

$$z \equiv iy + (1 - i)x \quad (\mathrm{mod}\ p)$$

となるように，x, y, z を定めます．この条件を（ガウス整数に対する）**交点条件**
と呼びましょう．また，結び目の射影図に対して，各交点で交点条件をみたすよ
うな重みのことを，その射影図の（ガウス整数による）**適切な重み**と呼びます．
さらに，（ガウス整数による）適切な重みのつけ方の個数を，その射影図の**ガウス
整数による p を法とする階数**と定めます．

　p を法としたガウス整数は，$0, 1, \cdots, p-1,\ i,\ 1+i, \cdots, (p-1)+i, \cdots, (p-1)i,\ 1+(p-1)i, \cdots, (p-1)+(p-1)i$ の p^2 個ありますから，交点のない結
び目の射影図の，ガウス整数による p を法とした階数は p^2 です．

3●不変量であることの証明

　第 6 章で説明した p を法とした階数と同様に，ガウス整数による p を法とし
た階数も，結び目の不変量を与えることが分かります．

★平面上の同値変形によって変わらないこと
　これは 121 ページと全く同じ理由によります．

★ライデマイスター移動Iによって変わらないこと

弧の向きを考慮に入れると，ライデマイスター移動Iは次の2種類になります．

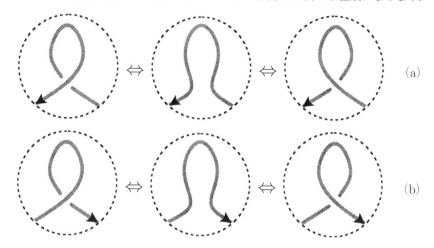

(a)

(b)

まず，(a) の場合を考えます．

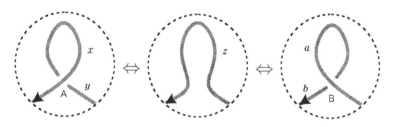

上の図のように重みをつけたとすると，交点 A における交点条件は

$$y \equiv ix + (1-i)x \pmod{p}$$

ですから，$y \equiv x \pmod{p}$ となります．同様に，B における交点条件から $b \equiv a \pmod{p}$ がでます．ですから，121，122ページの証明と同じように考えると，(a) による変形ではガウス整数に対する階数が変化しないことが分かります．
　(b) の場合も同様です．

★ライデマイスター移動 II によって変わらないこと

上を通る弧の向きを考えに入れると，ライデマイスター移動 II は次の 2 種類になります．

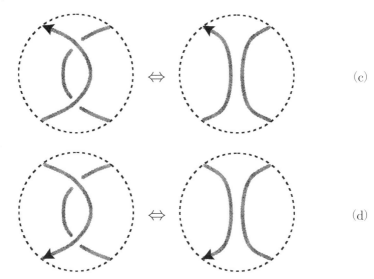

(c)

(d)

まず，(c) の場合を考えましょう．下の図のように，各弧に重みをつけたとします．

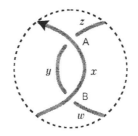

すると交点 A では

$$y \equiv iz + (1 - i)x \pmod{p},$$

交点 B では

$$y \equiv iw + (1 - i)x \pmod{p}$$

となります．ですから，

$$iz + (1-i)x \equiv iw + (1-i)x \pmod{p}$$

となります．両辺から $(1-i)x$ を引くと（引き算は自由にできるのでした）

$$iz \equiv iw \pmod{p}$$

が得られます．ここで，両辺に $-i$ を掛けます．$(-i) \times i = -(i \times i) = -(-1) = 1$ ですから，$z \equiv w \pmod{p}$ となります．122, 123 ページと同様に考えることで，(c) の左右の図において適切な重みは 1 対 1 に対応します．

　次に，(d) の場合を考えます．下の図のように，各弧に重みをつけます．

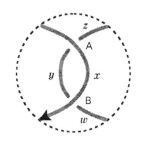

すると交点 A では

$$z \equiv iy + (1-i)x \pmod{p},$$

交点 B では

$$w \equiv iy + (1-i)x \pmod{p}$$

となります．これらから $w \equiv z \pmod{p}$ となり，(c) の場合と同様に (d) の場合も適切な重みは 1 対 1 に対応します．

★ライデマイスター移動 III によって変わらないこと

　向きを考えに入れると，ライデマイスター移動 III は次ページの 4 種類になります．

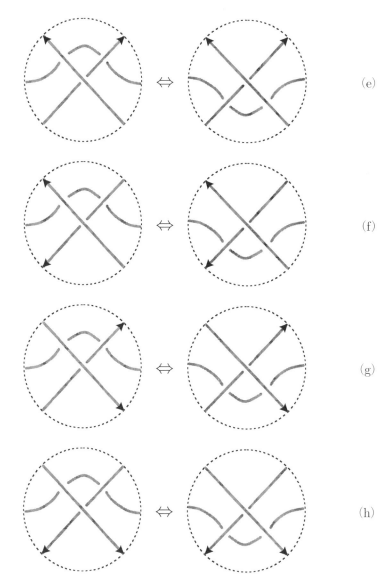

このうち，(g) の左側の図を円の中心の周りに 180 度回転させると，(f) の右側の図に，(g) の右側の図を 180 度回転させると (f) の左側の図になりますから，(g) は考えなくてよくなります．同様にして (h) も必要ありません．

(e) の場合を考えましょう．次ページの図のように，各弧に重みをつけたとし

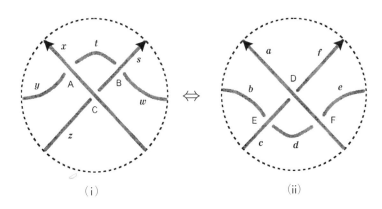

(i)　　　　　　　⟺　　　　　　　(ii)

ます.

(i) の交点条件は

$$A: \quad y \equiv it + (1-i)x \pmod{p} \quad \cdots (1)$$

$$B: \quad t \equiv iw + (1-i)s \pmod{p} \quad \cdots (2)$$

$$C: \quad z \equiv is + (1-i)x \pmod{p} \quad \cdots (3)$$

となります. (3) の両辺に i を掛けると

$$iz \equiv -s + (1+i)x \pmod{p}$$

となり, 移行することで

$$s \equiv (1+i)x - iz \pmod{p}$$

が得られます. 同様に (1) から

$$t \equiv (1+i)x - iy \pmod{p}$$

となります. これらを (2) から得られる

$$w \equiv (1+i)s - it \pmod{p}$$

に代入すると

$$w \equiv (1+i)\{(1+i)x - iz\} - i\{(1+i)x - iy\}$$
$$\equiv (1+i)x - y + (1-i)z \pmod{p}$$

が分かります.

以上のことから結局

$$s \equiv (1+i)x - iz \qquad (\text{mod } p)$$
$$t \equiv (1+i)x - iy \qquad (\text{mod } p)$$
$$w \equiv (1+i)x - y + (1-i)z \quad (\text{mod } p)$$

が得られます.

また，(ii) の交点条件は

$$\text{D}: \quad c \equiv if + (1-i)a \quad (\text{mod } p) \quad \cdots (4)$$
$$\text{E}: \quad b \equiv id + (1-i)c \quad (\text{mod } p) \quad \cdots (5)$$
$$\text{F}: \quad d \equiv ie + (1-i)a \quad (\text{mod } p) \quad \cdots (6)$$

となります．これらから

$$d \equiv (1+i)c - ib \qquad (\text{mod } p)$$
$$f \equiv (1+i)a - ic \qquad (\text{mod } p)$$
$$e \equiv (1+i)a - b + (1-i)c \quad (\text{mod } p)$$

が分かります．（これは各自考えてください.）

124, 125 ページと同様に考えると，(i) と (ii) の適切な重みのつけ方は 1 対 1 に対応することが分かります.

(f) の場合も同様です.

以上で，ガウス整数の場合でも p を法とした階数は結び目の不変量になっていることが分かりました．つまり，結び目の射影図ではなく，結び目に対してもガウス整数による p を法とした階数が定義できました.

4 ●計算例

ガウス整数を使った階数の威力を知るために，前章までの方法では区別できなかった 4_1 と 5_1 について考えましょう(144 ページを見てください)．特に $p = 3$ の場合を計算してみましょう.

★ 8 の字結び目 4_1

次の図のように重みをつけます.

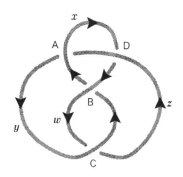

すると, 各交点での交点条件は

$$A: \quad y \equiv iz + (1-i)x \pmod{3} \quad \cdots(1)$$
$$B: \quad y \equiv ix + (1-i)w \pmod{3} \quad \cdots(2)$$
$$C: \quad w \equiv iz + (1-i)y \pmod{3} \quad \cdots(3)$$
$$D: \quad w \equiv ix + (1-i)z \pmod{3} \quad \cdots(4)$$

となります. (1) と (4) を (2) に代入すると

$$iz + (1-i)x \equiv ix + (1-i)\{ix + (1-i)z\} \pmod{3}$$

が得られます. ところが, 右辺は

$$ix + (i+1)x - 2iz = (1+2i)x - 2iz$$

で, 3 を法として $2i \equiv -i$ ですから, これは左辺と合同です. つまり, (2) からは新たな条件はでてこないことになります.

同様にして, (3) に (1) と (4) を代入した式からは新たな条件はでてきません.

以上のことから, x と z を勝手に決めて, y と w を

$$y \equiv iz + (1-i)x \pmod{3}$$
$$w \equiv ix + (1-i)z \pmod{3}$$

で決めてやれば適切な重みを与えることができます. x の決め方は, $0, 1, 2, i,$ $1+i, 2+i, 2i, 1+2i, 2+2i$ の 9 通り, z の決め方も 9 通りですから, 3 を法としたガウス整数による適切な重みの数は $9^2 = 81$ 個となります.

★結び目 5_1

次の図のように重みをつけます.

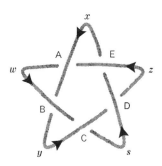

各交点での交点条件は

$$A: \quad z \equiv iw + (1-i)x \pmod 3 \quad \cdots(1)$$
$$B: \quad x \equiv iy + (1-i)w \pmod 3 \quad \cdots(2)$$
$$C: \quad w \equiv is + (1-i)y \pmod 3 \quad \cdots(3)$$
$$D: \quad y \equiv iz + (1-i)s \pmod 3 \quad \cdots(4)$$
$$E: \quad s \equiv ix + (1-i)z \pmod 3 \quad \cdots(5)$$

です. (5) を (3) と (4) に代入すると, それぞれ

$$w \equiv -x + (1-i)y + (1+i)z \pmod 3 \quad \cdots(3)'$$
$$y \equiv (1+i)x - iz \pmod 3 \quad \cdots(4)'$$

となります. (4)$'$ を (3)$'$ に代入して

$$w \equiv -x + (1-i)(1+i)x + (-1-i)z + (1+i)z$$
$$\equiv x \pmod 3$$

が分かります. これを (1) に代入すると $z \equiv x \pmod 3$ となり, さらに (4)$'$ よ

り $y \equiv x \pmod 3$ となります. 最後に (5) より, $s \equiv x \pmod 3$ がでますから, 結局 $x \equiv y \equiv z \equiv w \equiv s \pmod 3$ が分かり, 適切な重みは 9 通り存在します.

　先ほどの 8 の字結び目と比較すると, ガウス整数による 3 を法とした階数が異なるので 4_1 と 5_1 は異なる結び目であることが分かりました.

　このように, 結び目に向きをつけて, 整数をガウス整数に拡張することで新しい不変量を定義することができました. 向きのついた結び目の射影図から不変量を作る方法は, 他にもいろいろ知られています.

コラム 4 ● この結び目はほどけるのかな？

次の図で表されているのは，「樹下と寺阪の結び目」として知られている有名な結び目です．この結び目の p を法とした階数を求めてみましょう．

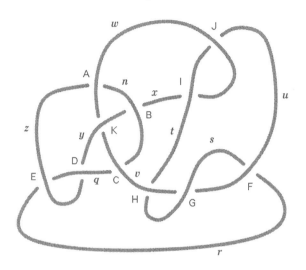

交点と弧を上のようにとると，交点条件は次のようになります．

$$A : \quad 2w \equiv n + z \quad (\text{mod } p) \quad \cdots (1)$$

$$B : \quad 2n \equiv x + y \quad (\text{mod } p) \quad \cdots (2)$$

$$C : \quad 2v \equiv n + q \quad (\text{mod } p) \quad \cdots (3)$$

$$D : \quad 2q \equiv y + z \quad (\text{mod } p) \quad \cdots (4)$$

$$E : \quad 2z \equiv q + r \quad (\text{mod } p) \quad \cdots (5)$$

$$F : \quad 2u \equiv r + s \quad (\text{mod } p) \quad \cdots (6)$$

$$G : \quad 2s \equiv u + v \quad (\text{mod } p) \quad \cdots (7)$$

$$H : \quad 2v \equiv s + t \quad (\text{mod } p) \quad \cdots (8)$$

$$I : \quad 2t \equiv x + w \quad (\text{mod } p) \quad \cdots (9)$$

$$J : \quad 2w \equiv t + u \quad (\text{mod } p) \quad \cdots (10)$$

$$\text{K}: \quad 2y \equiv v + w \pmod{p} \quad \cdots (11)$$

(1), (4), (6), (7), (9) からそれぞれ

$$n \equiv 2w - z$$
$$y \equiv 2q - z$$
$$r \equiv 2u - s$$
$$v \equiv 2s - u$$
$$x \equiv 2t - w$$

が得られます. これらを (2), (3), (5), (8), (11) に代入して整理すると

$$-2q \qquad - 2t \qquad + 5w - z \equiv 0 \quad \cdots (2)'$$
$$-q + 4s \qquad - 2u - 2w + z \equiv 0 \quad \cdots (3)'$$
$$-q + s \qquad - 2u \qquad + 2z \equiv 0 \quad \cdots (5)'$$
$$3s - t - 2u \qquad \equiv 0 \quad \cdots (8)'$$
$$4q - 2s \qquad + u - w - 2z \equiv 0 \quad \cdots (11)'$$

となります.

また, (10), (2)$'$ からそれぞれ

$$u \equiv 2w - t$$
$$z \equiv -2q - 2t + 5w$$

が得られますから, これらを (3)$'$, (5)$'$, (8)$'$, (11)$'$ に代入して整理すると

$$-3q + 4s \qquad - w \equiv 0 \quad \cdots (12)$$
$$-5q + s - 2t + 6w \equiv 0 \quad \cdots (13)$$
$$3s + t - 4w \equiv 0 \quad \cdots (14)$$
$$8q - 2s + 3t - 9w \equiv 0 \quad \cdots (15)$$

となります. (12) から $w \equiv -3q + 4s$ ですから, (13), (14), (15) に代入して整理すると次の式が得られます.

$$-23q + 25s - 2t \;\equiv\; 0 \quad \cdots (13)'$$
$$12q - 13s + \;\; t \;\equiv\; 0 \quad \cdots (14)'$$
$$35q - 38s + 3t \;\equiv\; 0 \quad \cdots (15)'$$

$(14)'$ から得られる $t \equiv -12q + 13s$ を $(13)'$, $(15)'$ のどちらに代入しても $q \equiv s$ になります. これから,

$$n \equiv q \equiv r \equiv s \equiv t \equiv u \equiv v \equiv w \equiv x \equiv y \equiv z$$

が分かります. この計算は p がどんな自然数 $(\geqq 2)$ であっても成り立ちますから, 樹下と寺阪の結び目の p を法とした階数は p となって, ほどける結び目と変わらないことになります. また, ガウス整数による階数でもほどける結び目と区別がつかないことも分かります.

では, はたしてこの結び目はほどけてしまうのでしょうか? 図を見たかぎりでは, どうもほどけそうにありませんね. 実際この結び目はほどけないのですが, それを証明するためにはもっともっと多くの知識を必要とします. ですからとてもこの本では証明できませんが, ここでは, 階数という不変量が, 決して完全な不変量ではないということを確認しておいてください.

9章

彩色数

　これまでは，結び目の射影図に現れる弧に注目してきましたが，ここでは，弧によって分けられた部分に注目します．(8章で出てきた向きは忘れます．)

　この章では，ギリシャ文字を多く使いますので，一覧にしておきましょう．

ギリシャ文字

(A)	α	アルファ	(B)	β	ベータ	Γ	γ	ガンマ
Δ	δ	デルタ	(E)	ε	イプシロン	(Z)	ζ	ゼータ
(H)	η	イータ	Θ	θ	シータ	(I)	ι	イオタ
(K)	κ	カッパ	Λ	λ	ラムダ	(M)	μ	ミュー
(N)	ν	ニュー	Ξ	ξ	グザイ	(O)	(o)	オミクロン
Π	π	パイ	(P)	ρ	ロー	Σ	σ	シグマ
(T)	τ	タウ	Υ	υ	ウプシロン	Φ	φ	ファイ
(X)	χ	カイ	Ψ	ψ	プサイ	Ω	ω	オメガ

　括弧ではさんだ文字は，ローマ字と同じなので，数学の記号で使われることはありません．また，読み方はほかにもあります（グザイ＝グジー＝クサイ＝クシーなど）．それから，φ は ϕ とも，ε は ϵ とも書きます．最後に，κ と k，ω と w，ι と i，χ と x は似ているので注意しましょう．特に，書くときは気を付けないと自分でどちらの字を書いたのかわからなくなります（どうしても区別が付けられない人は使わない方がいいでしょう）．

1●彩色数

　結び目の射影図が描かれた平面は，弧によっていくつかの**領域**に分かれます．
次の図では，真ん中に「灰色」の領域，周りに「網点」，「格子」，「斜線」の 3 つ
の領域，それから，一番外側の「白色」（というか「無色」）の合計 5 つの領域が
あります．

　一番外側の部分も領域と呼ぶこと，また，一つの交点の周りには（重複も込め
て）4 つの領域が集まっていることに注意しましょう．

　上の図の場合，一番上にある交点の周りにある領域は，真上から時計回りに
「淡灰色」，「白色」，「網点」，「白色」の 4 つですが，「白色」が重複しています．
　2 以上の整数 p を固定します．そして，各領域に 0 から $p-1$ までの整数を
一つずつ対応させます．この整数を，その領域の**色**と呼びましょう．また，一番
外側の領域には 0 という色を塗るものとします．
　一つの交点の周りに集まる 4 つの領域に，それぞれ $\alpha, \beta, \gamma, \delta$ という色がつ
いていたとします．

このとき

（彩色条件） $\qquad \alpha + \delta \equiv \beta + \gamma \pmod{p}$

という条件を，この交点における**彩色条件**と呼び，すべての交点で彩色条件をみ
たすような色の塗り方を**適切な彩色**と呼ぶことにしましょう．適切な彩色の個数
を，その射影図の（p を法とした）**彩色数**と言います．

例として，次のようなひとえ結び目の射影図の彩色数を計算しましょう．

各領域に色を塗ります．一番外側の領域には 0 を塗るのでした．

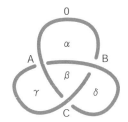

彩色条件は

A での彩色条件： $\quad \alpha + 0 \equiv \beta + \gamma \pmod{p} \quad \cdots(1)$

B での彩色条件： $\quad \alpha + \beta \equiv 0 + \delta \pmod{p} \quad \cdots(2)$

C での彩色条件： $\quad \gamma + 0 \equiv \beta + \delta \pmod{p} \quad \cdots(3)$

です．(2) から，$\delta \equiv \alpha + \beta \pmod{p}$, (3) から $\gamma \equiv \beta + \delta \equiv \beta + (\alpha + \beta) \equiv \alpha + 2\beta \pmod{p}$ がわかります．また，(1) から $\alpha \equiv \beta + \gamma \equiv \beta + (\alpha + 2\beta) \equiv \alpha + 3\beta \pmod{p}$ ですから，$3\beta \equiv 0 \pmod{p}$ となります．また，α は勝手に選べる

ことになります.

　$p=3$ のときを具体的に考えてみましょう. この場合 $3\beta \equiv 0 \pmod 3$ は常に成り立ちますから, α と β にはそれぞれ $0,1,2$ の 3 通りの適切な色の塗り方があります. また, γ と δ の色は $\delta \equiv \alpha + \beta \pmod 3$, $\gamma \equiv \alpha + 2\beta \pmod 3$ で定まる色が塗られることになります. つまり, 前ページのひとえ結び目の射影図には全部で 9 通りの適切な塗り方があることが分かり, 彩色数は 9 となります.

　次に, $p=5$ の場合を考えましょう. $3\beta \equiv 0 \pmod 5$ の両辺に 2 を掛けると (3 で割ることと同じですね) $\beta \equiv 0 \pmod 5$ がでます. これから $\gamma \equiv \delta \equiv \alpha$ $\pmod 5$ がわかりますので, 結局, 彩色数は 5 となります.

2●彩色数は不変量

　彩色数も, 結び目の不変量となることが分かります. 第6章と同じように証明します.

★ 平面上の同値変形によって変わらないこと

　交点, 弧, 領域は同値変形によって 1 対 1 に対応しますから, 121 ページと同じ理由で彩色数は変わりません.

★ ライデマイスター移動 I で変わらないこと

　まず, 左側の変形を考えます. 次のように色をつけたとすると

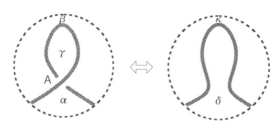

交点 A での彩色条件は

$$\beta + \alpha \equiv \gamma + \beta \pmod{p}$$

ですから，$\gamma \equiv \alpha$ となります．よって，$\delta \equiv \alpha \equiv \gamma \pmod{p}$ かつ $\kappa \equiv \beta \pmod{p}$ とおくことで，適切な彩色に 1 対 1 の対応がつきます．

　もう一方の変形も同様ですから，ライデマイスター移動 I では彩色数が変わらないことが分かります．

★ ライデマイスター移動 II で変わらないこと

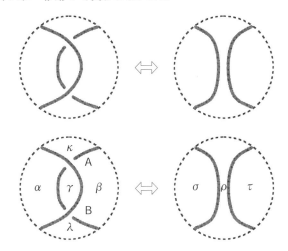

　上の図のように色を塗ると，A での彩色条件は

$$\kappa + \alpha \equiv \beta + \gamma \pmod{p}$$

B での彩色条件は

$$\alpha + \lambda \equiv \gamma + \beta \pmod{p}$$

となります．これらの式から $\kappa \equiv \lambda \pmod{p}$, $\gamma \equiv \kappa + \alpha - \beta \pmod{p}$ がでますので，$\sigma \equiv \alpha \pmod{p}$, $\tau \equiv \beta \pmod{p}$, $\rho \equiv \kappa$ とおくことで，適切な彩色は 1 対 1 に対応します．

　これで，ライデマイスター移動 II で彩色数が変わらないことが分かりました．

★ ライデマイスター移動 III で変わらないこと

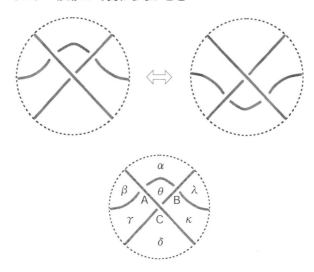

A, B, C での彩色条件はそれぞれ

$$\alpha + \beta \equiv \theta + \gamma \quad (\mathrm{mod}\ p) \quad \cdots (4)$$

$$\theta + \kappa \equiv \alpha + \lambda \quad (\mathrm{mod}\ p) \quad \cdots (5)$$

$$\theta + \gamma \equiv \kappa + \delta \quad (\mathrm{mod}\ p) \quad \cdots (6)$$

となります. (4) より, $\theta \equiv \alpha + \beta - \gamma \ (\mathrm{mod}\ p)$, (6) より, $\kappa \equiv \theta + \gamma - \delta \equiv (\alpha + \beta - \gamma) + \gamma - \delta \equiv \alpha + \beta - \delta \ (\mathrm{mod}\ p)$ となります. また, (5) より, $\lambda \equiv \theta + \kappa - \alpha \equiv (\alpha + \beta - \gamma) + (\alpha + \beta - \delta) - \alpha \equiv \alpha + 2\beta - \gamma - \delta$ となります. つまり, κ, λ, θ は $\alpha, \beta, \gamma, \delta$ で表されることになります.

D, E, F での彩色条件はそれぞれ

$$\mu + \nu \equiv \psi + \rho \quad (\mathrm{mod}\ p) \quad \cdots (7)$$

$$\sigma + \tau \equiv \nu + \rho \quad (\mathrm{mod}\ p) \quad \cdots (8)$$

$$\psi + \rho \equiv \varphi + \tau \quad (\mathrm{mod}\ p) \quad \cdots (9)$$

となります. (8) より, $\rho \equiv \sigma + \tau - \nu \ (\mathrm{mod}\ p)$, (7) より, $\psi \equiv \mu + \nu - \rho \equiv \mu + \nu - (\sigma + \tau - \nu) \equiv \mu + 2\nu - \sigma - \tau \ (\mathrm{mod}\ p)$ となります. また, (9) より $\varphi \equiv \psi + \rho - \tau \equiv (\mu + 2\nu - \sigma - \tau) + (\sigma + \tau - \nu) - \tau \equiv \mu + \nu - \tau \ (\mathrm{mod}\ p)$ と表されます. これで, φ, ψ, ρ は μ, ν, σ, τ で表されることになります.

ですから, $\mu \equiv \alpha \ (\mathrm{mod}\ p), \nu \equiv \beta \ (\mathrm{mod}\ p), \sigma \equiv \gamma \ (\mathrm{mod}\ p), \tau \equiv \delta \ (\mathrm{mod}\ p)$ と定めると, $\varphi \equiv \kappa \ (\mathrm{mod}\ p), \psi \equiv \lambda \ (\mathrm{mod}\ p)$ となり, 適切な彩色が 1 対 1 に対応することになります. θ と ρ は他の色によって決まることに注意しましょう. これで, ライデマイスター移動 III で彩色数が変わらないことが分かりました.

以上で, 彩色数は結び目の不変量となることが示されたことになります.

第 8 章で紹介したガウス整数を使った階数のように, 彩色数は新しい不変量になっているのでしょうか? 残念ながら, p を法とした彩色数は p を法とした階数に等しいことが分かります. それを示すために, 少し準備をしましょう.

3 ● 射影図の定めるグラフ

結び目の射影図の各領域に一つずつ点をとります. そして, 隣り合った領域に対応した点同士を線でつなぎます. 次ページの上の図では, 点同士をつないだ線を点線で表しています. このように, いくつかの点とそれらを結ぶ線でできた図形を（射影図の定める）**グラフ**と呼びます（関数のグラフとは意味が違います）. また, 点をつなぐ線のことを**辺**と呼び（三角形などの辺とは違って, 真っすぐである必要はありません）, 点のことを**頂点**と言います. 頂点は, 弧で分けられた領域に対応しており, 辺は弧の一部（弧のうち交点と交点にはさまれた部分）に対応しています.

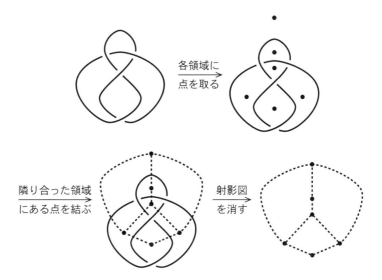

　射影図に対して，グラフはただ 1 種類に決まるわけではありません．次のグラフは平面上の図形として上のグラフと同値ではありません．

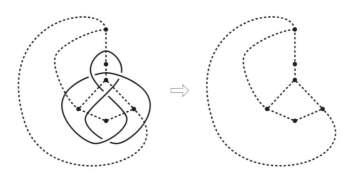

　ここで使うグラフは，平面上の図形というよりも，頂点どうしのつながり方を表すものだと考えてください．

　結び目の射影図では，各交点の周りに 4 つの領域があり，それらが隣り合って一周しています．ですから，対応するグラフでは，4 つの頂点（領域に対応）が順に辺で結ばれて一周しています．このような，4 つの頂点とそれらを結ぶ 4 本の辺からなる図形を四辺形と呼びましょう．

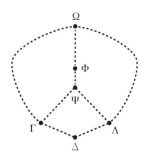

先ほどのグラフには，上の図で示したように，$\Omega\Gamma\Psi\Phi$, $\Psi\Gamma\Delta\Lambda$, $\Omega\Phi\Psi\Lambda$, $\Omega\Gamma\Delta\Lambda$ の 4 つの四辺形があります（この章では，頂点の名前はギリシャ文字の大文字を使います．これは一般的な用法ではありません）．最後の四辺形 $\Omega\Gamma\Delta\Lambda$ はわかりにくいですが，グラフの外側にあります．四角形と違って，面を囲んでいるということは関係なく，4 つの辺が頂点でつながりながら一周しているということを表すために四辺形という用語を使っています．

また，四辺形 $\Psi\Gamma\Delta\Lambda$ において，「辺 $\Psi\Gamma$ と辺 $\Lambda\Delta$」，「辺 $\Psi\Lambda$ と 辺 $\Gamma\Delta$」のように向かい合った辺のことを**対辺**と呼びましょう．一つの四辺形には 2 組の対辺があることになります．

次の図の灰色の部分 は，ちょっとわかりにくいですが， の上側 2 辺を貼り合わせたものとみなせば，四辺形となっています．これは，射影図の一番上の交点の周りにある領域が重複していることによります．

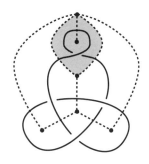

さて，結び目の射影図の弧に重みがつき，領域に色が塗られたとしましょう．

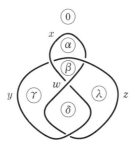

これに対応したグラフにも，重みと色がつきます．グラフの作り方から，色は頂点に塗られ，重みは辺につくことになります．

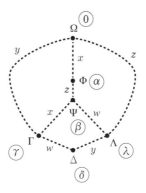

また，四辺形は結び目の射影図の交点に対応しており，交点の上を通る弧はその四辺形のどちらかの対辺に対応しますから，どの四辺形も，どちらかの対辺には同じ重みがついていることが分かります．このような，交点の上を通る弧に対応した対辺は同調しているということにしましょう．

次ページ上の左図で，交点の周りの領域をそれぞれ Φ, Ψ, Γ, Δ とすると，対応するグラフ（次ページ上の右図）では辺 ΦΔ と辺 ΨΓ が同調しています．同調している対辺は，次ページ上の右図のように，矢印で示すことにします．

また，このページの中央図において，四辺形 ΩΓΨΦ では辺 ΓΨ と辺 ΩΦ が，四辺形 ΨΓΔΛ では辺 ΓΔ と辺 ΨΛ が，四辺形 ΩΦΨΛ では辺 ΦΨ と辺 ΩΛ が，

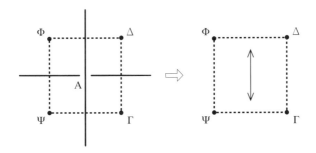

四辺形 $\Omega\Gamma\Delta\Lambda$ では辺 $\Omega\Gamma$ と辺 $\Lambda\Delta$ がそれぞれ同調しています.

さて，交点条件と彩色条件がグラフではどのように表されるかを考えましょう.

ある交点の周りの領域 $\Phi, \Psi, \Gamma, \Delta$ に塗られた色をそれぞれ $\alpha, \beta, \gamma, \delta$ とし，上を通る弧の重みを x，下を通る弧の重みを y, z とします.

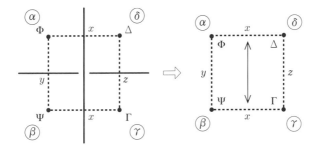

これに対応するグラフの部分は，頂点 $\Phi, \Psi, \Gamma, \Delta$ を持つ四辺形です．頂点の色は順に $\alpha, \beta, \gamma, \delta$ となり，辺 $\Phi\Psi$ の重みは y，辺 $\Psi\Gamma$ の重みは x，辺 $\Gamma\Delta$ の重みは z，辺 $\Delta\Phi$ の重みは x となっています．辺 $\Phi\Delta$ と辺 $\Psi\Gamma$ が同調していることに注意しましょう.

交点条件は $2x \equiv y + z \pmod{p}$，彩色条件は $\alpha + \delta \equiv \beta + \gamma \pmod{p}$ となります．これらをそれぞれ四辺形 $\Phi\Psi\Gamma\Delta$ における交点条件，彩色条件と呼ぶことにします.

ところで，$2x$ というのは同調している 2 辺の重みの和ですから，交点条件は次のように言い換えられます.

（四辺形における交点条件）　　「対辺の重みの和は p を法として合同」

これは，どちらの対辺が同調していても成り立っていることに注意しましょう.

4● 彩色数 = 階数

　射影図に対応したグラフを使って，p を法とした彩色数は p を法とした階数と等しいことを示しましょう. そのために，任意の結び目の射影図において，適切な彩色と適切な重みが 1 対 1 に対応することを示します.

★ 適切な彩色から適切な重みを定義しよう

　ある結び目の射影図において，適切な彩色が与えられたとしましょう.

　その射影図に対応するグラフを考えると，グラフのすべての四辺形において彩色条件をみたす色が頂点に塗られていることになります. グラフの辺の重みを，その辺の両端の色の和として定義します.

　下のような四辺形 A に着目しましょう. ただし，辺 $\Phi\Delta$ と辺 $\Psi\Gamma$ が同調しているとします.

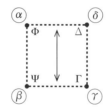

- 辺 $\Phi\Psi$ の重みは $\alpha + \beta$,

- 辺 $\Psi\Gamma$ の重みは $\beta + \gamma$,

- 辺 $\Gamma\Delta$ の重みは $\gamma + \delta$,

- 辺 $\Delta\Phi$ の重みは $\delta + \alpha$,

となります.

　このように定義した辺の重みを，結び目の射影図の重みに置き換えましょう.

　まず，各交点で上を通る弧には 2 種類の重みがついていますが，それらは等しいでしょうか？　同調する辺は上を通る弧に対応しますから，$\beta+\gamma$ と $\delta+\alpha$ が p を法として合同であることを確かめればいいことになります．ところが，これは彩色条件と一致しますので成り立つことがわかります．

　次に，この重みが適切かどうかを考えましょう．つまり，各四辺形で交点条件はみたされているかを調べます．四辺形における交点条件は「辺 $\Phi\Delta$ の重み ＋ 辺 $\Psi\Gamma$ の重み $\equiv$ 辺 $\Phi\Psi$ の重み ＋ 辺 $\Delta\Gamma$ の重み $(\mathrm{mod}\ p)$」ですから，

$$(\alpha+\delta)+(\beta+\gamma) \equiv (\alpha+\beta)+(\gamma+\delta) \quad (\mathrm{mod}\ p)$$

となります．ところが，これは当然成り立つ式ですから，交点条件は成り立つことになります．

　以上のように考えると，適切な彩色に対して，適切な重みがつけられることが分かります．

★ 適切な重みから適切な彩色を定義しよう

　次に，適切な重みに対して，適切な彩色を定義します．これもグラフを使って考えましょう．

　適切な重みが定義されたグラフの各頂点に色を塗っていきます．

　一番外側の領域に対応する頂点 Ω には 0 という色が塗られているのでした．

　Λ という頂点に色を塗りましょう．Ω と Λ を辺でたどります．それらの辺を順に $\Omega\Theta_1, \Theta_1\Theta_2, \cdots, \Theta_{n-2}\Theta_{n-1}, \Theta_{n-1}\Lambda$ としましょう．ここで現れた折れ線 $\Omega\Theta_1\Theta_2\cdots\Theta_{n-2}\Theta_{n-1}\Lambda$ を，Ω と Λ をつなぐ**道**と呼びます．

　この道をたどるとき，辺の重みが順に $x_1, x_2, \cdots, x_n$ となっているとします．そのとき Λ の色を

$$x_n - x_{n-1} + \cdots + (-1)^{n-2}x_2 + (-1)^{n-1}x_1 \quad \cdots(10)$$

で定めます．

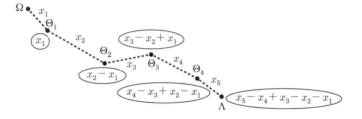

道は一つとは限りません. Ω と Λ をつなぐ別の道 $\Omega\Sigma_1\Sigma_2\cdots\Sigma_{m-2}\Sigma_{m-1}\Lambda$ を考えましょう.

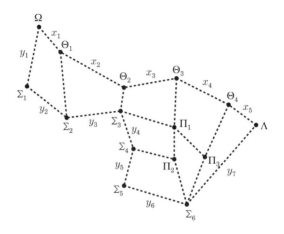

この道に沿った辺の重みが順に $y_1, y_2, \cdots, y_m$ なら, Λ の色は

$$y_m - y_{m-1} + \cdots + (-1)^{m-2}y_2 + (-1)^{m-1}y_1 \quad \cdots(11)$$

となってしまいます. (10) と (11) は同じ色でしょうか? つまり, (10) と (11) は p を法として合同でしょうか? 今からそれを調べましょう.

道 $\Omega\Theta_1\Theta_2\cdots\Theta_{n-2}\Theta_{n-1}\Lambda$ を, 道 $\Omega\Sigma_1\Sigma_2\cdots\Sigma_{m-2}\Sigma_{m-1}\Lambda$ に付け替えます. 2 つの道の間は四辺形で区切られていますから, 次の図のようにそれらの四辺形を一つずつ使って付け替えることにします.

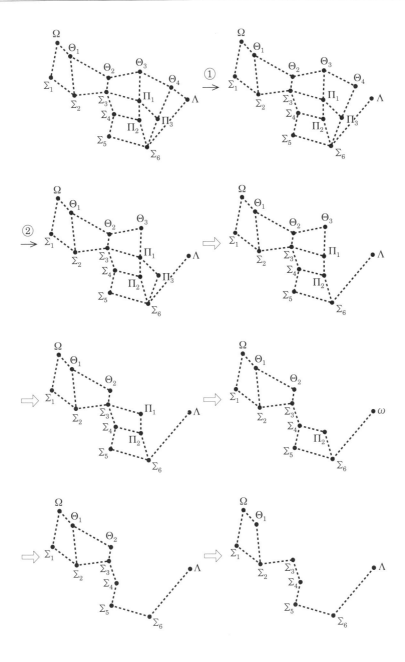

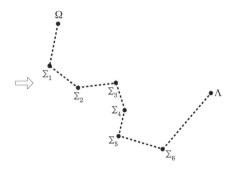

たとえば，前ページの図の ① では，四辺形

の（1 辺からなる）道 $\Theta_4\Lambda$ を，（3 辺からなる）道 $\Theta_4\Pi_3\Sigma_6\Lambda$ に付け替えており，
② では，四辺形

の（2 辺からなる）道 $\Theta_3\Theta_4\Pi_3$ を，（2 辺からなる）道 $\Theta_3\Pi_1\Pi_3$ に付け替えています．

　他の付け替えも，四辺形

において，道 $\Phi\Delta$ を道 $\Phi\Psi\Gamma\Delta$ に付け替えたり，道 $\Phi\Delta\Gamma$ を道 $\Phi\Psi\Gamma$ に付け替え
たりしていることが分かります．逆の付け替えを考えると，道 $\Phi\Psi\Gamma\Delta$ を道 $\Phi\Delta$

に付け替えたり，道 $\Phi\Psi\Gamma$ を道 $\Phi\Delta\Gamma$ に付け替えたりする必要もあります.
　まとめると

$$\Phi\Delta \Leftrightarrow \Phi\Psi\Gamma\Delta \quad \cdots\text{(i)}$$

$$\Phi\Delta\Gamma \Leftrightarrow \Phi\Psi\Gamma \quad \cdots\text{(ii)}$$

という入れ替えで，Λ の色が変わらないことを示せばいいことになります.

の辺の重みが，次のように与えられているとしましょう.

　ここでは，どの辺同士が同調しているかはわかりませんが，四辺形における交点条件から

$$x + w \equiv y + z \pmod{p} \quad \cdots(12)$$

が成り立ちます.

☆ (i) で Λ の色が変わらないこと.
　Ω と Φ をつなぐ道に沿った色を順に $s_1, s_2, \cdots, s_k$，Δ と Λ をつなぐ道に沿った色を順に $t_1, t_2, \cdots, t_l$ とします. すると $\Phi\Delta$ を経由して Ω と Λ をつなぐ道に沿った色は順に $s_1, s_2, \cdots, s_k, x, t_1, t_2, \cdots, t_l$ ですから，この道によって定められる Λ の色は

$$t_l - t_{l-1} + \cdots + (-1)^{l-2}t_2 + (-1)^{l-1}t_1 + (-1)^l x$$
$$+ (-1)^{l+1}s_k + (-1)^{l+2}s_{k-1} + (-1)^{l+k-1}s_2 + (-1)^{l+k}s_1 \quad \cdots\text{(i-1)}$$

となります. 一方, $\Phi\Psi\Gamma\Delta$ を経由して Ω と Λ をつなぐ道に沿った色は順に $s_1, s_2, \cdots, s_k, y, w, z, t_1, t_2, \cdots, t_l$ ですから, この道によって定められる Λ の色は

$$t_l - t_{l-1} + \cdots + (-1)^{l-2}t_2 + (-1)^{l-1}t_1 + (-1)^l z + (-1)^{l+1}w + (-1)^{l+2}y$$
$$+ (-1)^{l+3}s_k + (-1)^{l+4}s_{k-1} + (-1)^{l+k+1}s_2 + (-1)^{l+k+2}s_1 \quad \cdots\text{(i-2)}$$

となります. (i-1) から (i-2) を引くと, $((-1)^{l+1} = (-1)^{l+3}$ などに注意しましょう)

$$(-1)^l x - (-1)^l z - (-1)^{l+1}w - (-1)^{l+2}y = (-1)^l\{(x+w) - (y+z)\}$$

となり, (12) よりこれは p を法として 0 と合同です. つまり, (i-1) と (i-2) は合同となり Λ の色はこのような付け替えで変化しないことになります.

☆ (ii) で Δ の色が変わらないこと.

(i) の場合と同じようにして考えます.

Ω と Φ をつなぐ道に沿った色を順に $u_1, u_2, \cdots, u_i$, Γ と Λ をつなぐ道に沿った色を順に $v_1, v_2, \cdots, v_j$ とします. すると $\Phi\Delta\Gamma$ を経由して Ω と Λ をつなぐ道に沿った色は順に $u_1, u_2, \cdots, u_i, x, z, v_1, v_2, \cdots, v_j$ ですから, この道によって定められる Λ の色は

$$v_j - v_{j-1} + \cdots + (-1)^{j-2}v_2 + (-1)^{j-1}v_1 + (-1)^j z + (-1)^{j+1}x$$
$$+ (-1)^{j+2}u_i + (-1)^{j+3}u_{i-1} + (-1)^{j+i}u_2 + (-1)^{j+i+1}u_1 \quad \cdots\text{(ii-1)}$$

となります. 一方, $\Phi\Psi\Gamma$ を経由して Ω と Λ をつなぐ道に沿った色は順に $u_1, u_2, \cdots, u_i, y, w, v_1, v_2, \cdots, v_j$ ですから, この道によって定められる Λ の色は

$$v_j - v_{j-1} + \cdots + (-1)^{j-2}v_2 + (-1)^{j-1}v_1 + (-1)^j w + (-1)^{j+1}y$$
$$+ (-1)^{j+2}u_i + (-1)^{j+3}u_{i-1} + (-1)^{j+i}u_2 + (-1)^{j+i+1}u_1 \quad \cdots\text{(ii-2)}$$

となります. (ii-1) から (ii-2) を引くと,

$$(-1)^j z + (-1)^{j+1}x - (-1)^j w - (-1)^{j+1}y = (-1)^j\{(y+z) - (x+w)\}$$

となり, これも p を法として 0 と合同です. つまり, (ii-1) と (ii-2) も合同とな

り Λ の色はこのような付け替えでも変化しないことになります.

これで, 適切な重みに対して適切な彩色を対応させることができました.

1 対 1 の対応とは

これから, 適切な重みと適切な彩色が 1 対 1 に対応することを示していきます.「1 対 1 に対応すること」は, 不変量であることの証明で使ってきましたが, 今回は対応が複雑になっていますので「1 対 1 に対応すること」を, 集合の言葉を使って少し詳しく見ていきましょう.

ものの集まりを集合, その集合に含まれるものを要素と言うのでした. また, 2 つの集合 S, T を考えたとき, S の各要素に対して, T の要素を対応させる規則を**写像**と呼びます. S の要素 a が, f という写像によって T の要素 x に対応するとき $x = f(a)$ と書きます. (関数と同じ書き方です.)

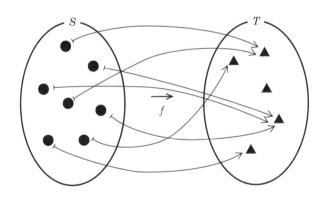

関数は上の図のように矢印で書くとわかりやすいと思います.

写像 f が次の条件をみたすとき**全射**であると言います.

全射性: T の各要素 y に対し, $y = f(b)$ となる S の要素 b が存在する.

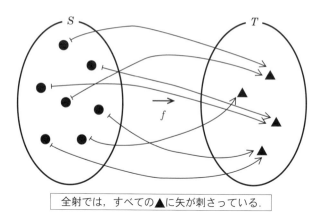

全射では，すべての▲に矢が刺さっている．

また，次の条件をみたすとき**単射**であると言います．

単射性：　S の異なる要素 c, d に対して T の要素 $f(c), f(d)$ も異なる．

単射性の対偶は「$f(c) = f(d)$ なら $c = d$」ですから，これを単射の定義としても構いません．

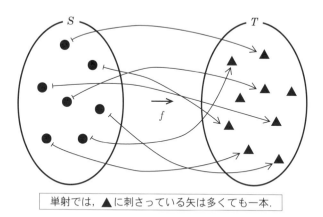

単射では，▲に刺さっている矢は多くても一本．

全射かつ単射である写像のことは，**全単射**，または，**1 対 1 写像**と言います．

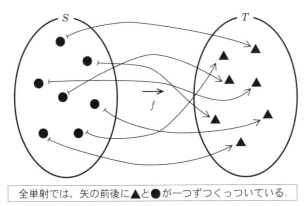

全単射では，矢の前後に▲と●が一つずつくっついている．

　これは，これまで使ってきた1対1の対応を，集合や写像の言葉で厳密に言っ
ただけです．
　S から T への写像 f が全単射であることを示す方法を一つ紹介します．
　もし，T から S への写像 g で，次の2つの条件をみたすものがあれば f は
全単射になります．

　（全単射条件 1）　　S の各要素 a に対し，$g(f(a)) = a$ が成り立つ．

　（全単射条件 2）　　T の各要素 x に対し，$f(g(x)) = x$ が成り立つ．

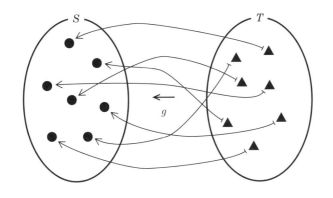

　g は f の定める矢印を逆にしたものになっています．

さて,（全単射条件 1），（全単射条件 2）をみたすような g が存在するとき，f が全単射となることを示すには,（当たり前ですが）全射であることと,単射であることを示せばいいことになります.

全射であること：T の要素 y に対し，S の要素 $g(y)$ を b とおきます.（全単射条件 2）より $f(b) = f(g(y)) = y$ ですから,全射性が成り立ちます.

単射であること：S の要素 c, d （ただし，$c \neq d$）に対し $f(c) = f(d)$ であると仮定して矛盾を導きましょう（背理法による証明です）. $f(c) = f(d)$ は T の要素ですから，$g(f(c))$ と $g(f(d))$ を考えることができ，それらは等しいはずです.（全単射条件 1）より，$g(f(c)) = c$ と $g(f(d)) = d$ が等しいこととなり，$c \neq d$ と矛盾します.これで,単射性が示せました.

適切な重みと適切な彩色が 1 対 1 に対応すること

さて，結び目に戻りましょう.

自然数 p と結び目の射影図を一つ固定します.その射影図の適切な重み全体のなす集合を W,適切な彩色全体のなす集合を C とします.これまでに説明してきたような,適切な彩色に適切な重みを対応させる方法 ♣ は C から W への写像と考えられます.また,適切な重みに適切な彩色を対応させる方法 ♠ は W から C への写像です.C の要素（適切な彩色）$\vec{\alpha}$ に対応する W の要素（適切な重み）を ♣$(\vec{\alpha})$, W の要素 $\vec{x}$ に対応する C の要素を ♠$(\vec{x})$ と書きましょう.適切な重みや適切な彩色は,各弧や各領域について定義されていますから,ベクトルのように表すことにします.

写像 ♣ が全単射であることを示します.そのために, ♣ と ♠ が（全単射条件 1）と（全単射条件 2）をみたすこと,つまり,

（条件 ♠♣）C の各要素 $\vec{\alpha}$ に対して ♠(♣$(\vec{\alpha})$) $= \vec{\alpha}$ が成り立つ.

（条件 ♣♠）W の各要素 $\vec{x}$ に対して ♣(♠$(\vec{x})$) $= \vec{x}$ が成り立つ.

を示せばいいことになります.

結び目の射影図の定義するグラフで考えます.

まず,（条件 ♠♣）を考えましょう.

$\vec{\alpha}$ を適切な彩色とします. 各頂点に色が塗られています. 写像 ♣ によって, 適切な重み ♣$(\vec{\alpha})$ が得られます. この重みが ♠ によってどうなるかを調べます

頂点 Λ を任意に選び, Ω と Λ をつなぐ道 $\Omega\Theta_1\cdots\Theta_{n-1}\Lambda$ を考えます. 頂点 Ω には色 0 が対応していました. 頂点 Λ の色を λ, 頂点 Θ_h の色を θ_h とします. すると, ♣ により, 辺 $\Omega\Theta_1$ の重みは θ_1, 辺 $\Theta_{h-1}\Theta_h$ の重みは $\theta_{h-1}+\theta_h$, 辺 $\Theta_{n-1}\Lambda$ の重みは $\theta_{n-1}+\lambda$ となるのでした.

このようにして定まった適切な重みに対して, ♠ による Λ の色は

$$(\theta_{n-1}+\lambda)-(\theta_{n-2}+\theta_{n-1})+\cdots+(-1)^{n-2}(\theta_2+\theta_1)+(-1)^{n-1}\theta_1$$

と定義されますが, これは λ となります. これが, すべての頂点に対して成り立ちますから, この彩色は $\vec{\alpha}$ です. つまり, ♠(♣$(\vec{\alpha})$) $= \vec{\alpha}$ となりました.

次に, (条件 ♣♠) を考えます.

適切な重み $\vec{x}$ が与えられたとします. 各辺に重みがついています. 写像 ♠ により, 適切な彩色 ♠$(\vec{x})$ が得られます. この彩色が ♣ でどうなるかを調べます.

任意の辺 $\Gamma\Delta$ を考え, この辺の重みを z とします. Ω と Γ をつなぐ道に沿った辺の重みを順に $y_1, y_2, \cdots, y_m$ とすると, ♠ により, Γ の色は

$$y_m - y_{m-1} + \cdots + (-1)^{m-2}y_2 + (-1)^{m-1}y_1$$

となるのでした. この道のあとで, 辺 $\Gamma\Delta$ をたどると Ω と Δ をつなぐ道になりますから, ♠ による Δ の色は

$$z - (y_m - y_{m-1} + \cdots + (-1)^{m-2}y_2 + (-1)^{m-1}y_1)$$

となります.

♣ により, 辺 $\Gamma\Delta$ の重みは

$$\begin{aligned}&(y_m - y_{m-1} + \cdots + (-1)^{m-2}y_2 + (-1)^{m-1}y_1)\\&+\{z - (y_m - y_{m-1} + \cdots + (-1)^{m-2}y_2 + (-1)^{m-1}y_1)\}\\&= z\end{aligned}$$

となります. どの辺の重みに対しても同じことが成り立ちますから, ♣(♠$(\vec{x})$) $= \vec{x}$ となります.

以上で適切な重みと適切な彩色の間に 1 対 1 の対応が付き, 階数と彩色数が等

しいことが示されました.

　長々と説明したわりには第 8 章と違って新しい不変量は出てこなかったことに
なります. でも, 結び目の射影図の弧に数を割り振るのと, 領域に数を割り振る
ことで同じ量が出てくるのって不思議ではありませんか?

エピローグ

「難しそうな本だったけど, なんとか読み終えることができたぞ. 」

あなたは "結び目のはなし" をようやく読み終えました.

「この本によると, あの "聖なる首飾り" の結び目はほどけないみたいだな. まさかコラムに書いてあったみたいに 4 次元を使うわけにもいかないし……. うーん, ひょっとすると, あの首飾りを結んだのは 4 次元の魔物かも知れないなあ. そんなのを相手にどうやって闘ったらいいんだろう. やっぱり, 普通に薬草や防具や武器を買って, モンスターと闘って経験をつまないとだめなのかなあ. よし, リセット, リセット. ん, ちょっと待てよ, あれはなんだ. 」

突然, あなたの前にまばゆい光が現れ, それが集まって人の姿になりました.

「私は, 伝説の英雄トロ[1]. よくぞザーマの正体を見極めた. そなたの考えどおり, "聖なる首飾り" を結んだのは, 4 次元に住むザーマと呼ばれる悪魔だ. そなたにはこの剣を受け取る資格があるようだな. 」

そう言うと, トロと名乗った英雄は光り輝く剣をあなたの前に示しました.

「なんだこいつ, 自分で自分のことを伝説の英雄なんて言いやがって. でもこの剣は本物みたいだし, ありがたくいただいとくか. 」

あなたはトロから一本の剣を受け取りました.

「それは, "ゴルディアン・スレイヤー[2]" と呼ばれている. かのアレクサンダー大王も東方遠征のときに持って行ったといわれる由緒正しい剣だ. この剣を使えば "聖なる首飾り" の結び目をほどくことができる. 」

「でも, あの結び目は 3 次元空間の中ではほどけないんでしょう. そりゃあ, これくらい切れ味のよさそうな剣なら, 切ることはできるだろうけど. 」

「そのとおり, この "ゴルディアン・スレイヤー" は首飾りを切るために使うのだ. この剣でないとザーマの呪いの掛かった首飾りを切ることはできぬ. また, この剣で切ったものは切り口が鮮やかなので, すぐに切り口同士を合わせると, 元のようにくっつけることができるのだ. ただし, そのとき切り口には糊と

---

1) もちろんドラゴンクエスト初期 3 部作「ロト」の名前をひっくり返したものです.

2) RPG でおなじみの「ドラゴンスレイヤー」と, 結び目理論で出てくる「Gordian」をくっつけたものです.「Gordian」は, アレクサンダー大王がゴルディオンという町にある結び目を, ほどくのではなく一刀両断にしたという故事に基づくものです. 有名な (かな?) ドラゴンスレイヤーに, 日本ファルコムのゲーム, ドラゴンスレイヤー・シリーズがあります. その 6 作目「ドラゴンスレイヤー英雄伝説」が今も続く「軌跡」シリーズの始まりです.

して，御飯粒をつけねばならぬ．しかも，その御飯はコシヒカリを薪で炊いて，最後にわらを一つかみくべて蒸らしたもの³⁾でなければならぬのだ．よいなコシヒカリだぞ．ササニシキではだめだ．」

　そう言うと，トロはまた光の塊となって，消えてゆきました．

　「なんだか料理の先生のようなことを言う英雄だなあ．まあいいか．これで"聖なる首飾り"の結び目をほどく方法が分かったぞ．」

　結び目のほどき方が分かったあなたは，意気揚々とお城へ向かいました．そして，王様の前に出ると，トロから聞いた首飾りのほどき方を説明しました．

　「そうか．あの伝説の英雄トロがそなたの前に現れたか．しかもこれは，正真正銘の"ゴルディアン・スレイヤー"．よし，そなたにこの"聖なる首飾り"をまかせよう．」

　あなたは王様から"聖なる首飾り"をうやうやしく受け取ると言いました．

　「さっそくですが王様，俺，いや私には，御飯の炊き方は分かりません．どなたか料理の得意な人をご紹介いただきたいのですが．」

　すると，王様の後ろに立っていたサファイアが前に出て言いました．

　「その役目は僕にまかせてよ．こう見えても，僕料理は得意なんだ．トロっていう人の言ったのは御飯の究極の炊き方だよ．コシヒカリも炊事場にあるはずだから，さっそく炊いてみるよ．」

　しばらくするとサファイアが，おひつにいっぱいの御飯を抱えてやってきました．

　「これだけあれば十分だよね．」

　炊きたての御飯の匂いがあたりに立ちこめました．突然あなたは長い間なにも食べていないことに気づいてこう言いました．

　「御飯粒は一粒あればいいでしょう．それより，私はおなかがすいてきました．そのおいしそうな御飯を少し食べてもいいでしょうか？」

　「どうぞどうぞ．」

　あなたはあまりのおいしさに，おかずもなしに御飯を何度も何度もお代わりしました．気がつくと，おひつの中には一粒の御飯も残っていません．

　「しまった．全部食べちゃった．あのー，もう一度炊いてきてもらえないで

---

3)　「美味しんぼ」に出てくるエピソードです．

しょうか？」

　頭をかきながらあなたはサファイアに言いました.

　「えーっ，あれ全部食べちゃったの？　もう一度炊いてきてもいいけど，コシヒカリはもうないよ.　たぶんこの国にある最後のコシヒカリだったんじゃないかな.」

　さあ大変です.　夢中で大事なコシヒカリを全部食べてしまったのです.

　「どうしよう.　コシヒカリがないと，"聖なる首飾り"をほどくことができないぞ.」

　「あれ，君ほっぺたに何つけてるの？」

　「えっ.」

　サファイアに言われてほっぺたに手をやったあなたは，そこについているものを指で取りました.

　「なんだ，さっき食べた御飯の残りだ.　ああもったいない.」

　思わずその手を口に持っていこうとしたあなたを，サファイアがあわてて止めました.

　「だめだよ，食べちゃ！　それが最後のコシヒカリだよ.　それがないと…….」

　「ああ，そうかそうか.　でもこれで，"聖なる首飾り"をほどくことができますね.」

　ようやく究極の炊き方をしたコシヒカリを手に入れたあなたは，さっそく英雄トロに言われたとおり，"聖なる首飾り"を"ゴルディアン・スレイヤー"で切りました.　そして，結び目をほどき，切り口にコシヒカリをつけると切り口同士をぴったりと合わせました.　すると不思議なことに，切り口はみるみる消えていって元のようになりました.　やっと結び目のない"聖なる首飾り"が手に入りました.

　"聖なる首飾り"を王様の元へ持っていくと，王様は大変喜びました.

　「おお，これでサファイアを王位につけることができる.　さあ約束どおり，そなたに望みのほうびを取らせよう.　なにがよい.」

　あなたは少し考えてから，きっぱりと言いました.

　「サファイア王子，いや，サファイア姫をください.」

　「な，なんと申した.」

「サファイア姫を私にください．彼女が実は女の子だということは知っています（本を読んで知ったなんて言えないけど）．あんなおいしい御飯を毎日食べられるのなら，他にはなにもいりません．ぜひ姫と結婚させてください．」

「ううむ．これも約束じゃから仕方があるまい．サファイア，おまえはどうじゃ？」

サファイアは，話の意外な展開に戸惑いながらもこう言いました．

「僕，いいえもうわたしでいいのね，わたしもこの人の御飯の食べっぷりを見て気に入っていたところです．“聖なる首飾り”をほどいてこの国を救ってくださった英雄となら，結婚してもいいわ．」

「そうか，それではこれからは，二人でこの国をよくするための手助けをしてくれ．ジュラルミン大公がこれで懲りたとは思えぬから，くれぐれも注意するようにな．」

これしきのことでくじけるジュラルミン大公ではありませんが，息子の魂まで売り渡したのですから，もう悪魔とも契約のしようがありません．また，サファイアが“聖なる首飾り”を手に入れた以上，息子のプラスチックを王位につけるという野望もほとんど実現が不可能です．その後何度か反乱を試みましたが，いつしかおとなしくなってしまいました．

こうして，あなたはサファイアと結婚することができ，アルフガルドには再び平和が訪れたのです．

「えーっ，これで終わりか？　洞窟はどうした，宝箱はどうした．うーん，ひょっとするとこれは早くエンディングを見るための裏技の一つかもしれない．でもこれじゃあつまらんなあ．やっぱり，俺には剣と魔法の世界の方が似合ってる．

最初からやり直そう．リセット，リセット．」

MEMORY 128KB OK

MEMORY 256KB OK

MEMORY 384KB OK

MEMORY 512KB OK

MEMORY 640KB OK [4]

4) 2 ページ〜4 ページ，および 196 ページ〜198 ページの「MEMORY 128 KB OK」など：
これは，原稿執筆時に使用していたパソコン PC9801 RX を立ち上げるときモニターに表示される文字
列です．1990 年前後ですから，Windows などない時代で MS-DOS で動いていました．メモリーが
640 KB（キロバイトです！）しかないなんて今では信じられませんね．しかもハードディスクのような
高価なものは手が出ませんでしたから，1.2MB の記憶容量しかないフロッピー・ディスク 2 枚（知っ
てます？）で何とか作業をしていました．確か，この原稿は今はなきデービーソフトの「P1.EXE」で
作成したと思います．これは，ジャストシステムの「一太郎」のようなワープロソフトで，「花子」に当
たる描画ソフトもついていたので重宝しました．マイクロソフトの Word みたいなものです．

第 1 版第 1 刷への注釈

　この本の第 1 版第 1 刷は 1990 年 5 月 20 日に発行されました．特に，プロローグとエピローグは，当時僕がハマっていたビデオゲーム（パソコンか任天堂のファミリーコンピュータ）に関する話題がてんこ盛りです．今となっては記憶も薄れているのですが，インターネットの助けも借りて注釈を加えたいと思います．

　出版から 30 年以上たった本だけにツッコミどころは満載です．それにしても，60 歳を過ぎたら村の古老のようなしゃべり方，というか書き方（「そうじゃのう，あれはわしが 30 歳のときじゃった」とか）になるのかと思いましたが，30 年前と変わりませんね．

第 1 版第 2 刷への注釈

　第 1 版第 2 刷は 2000 年 7 月 7 日に発行されました．20 世紀最後の年です．

　第 1 刷に少しだけ手を加えました．覚えている変更箇所は第 3 章 3 節（63 ページ～72 ページ）に出てくる「フュープラニエタン星」です．第 1 刷では「セブンスター星」でしたが，これは煙草を連想させるのでよろしくないと思い，スウェーデン語の「7」を意味する「sju」と「惑星」を意味する「planetan」から名付けました．

　当時，スウェーデンにある Mittag-Leffler 研究所に滞在していました．「sju planetan」は，研究室が隣だった大学院生（今は Mittag-Leffler 研究所の所長！）に教えてもらいました．スウェーデン語の「sj」の発音は難しいです．

文献案内

　この本の初版が発行されてからはや四半世紀がたとうとしています．その間に結び目に関する本も数多く出版されました．この本を読み終えた読者に読んでほしい本を，現在手に入りやすいものの中からいくつか選んで挙げておきましょう．

［1］ 河野 俊丈（著），『新版 組みひもの数理』，遊星社（2009 年 9 月）

この本では扱えなかったジョーンズ多項式やアレクサンダー多項式，バシリエフ不変量など多くの結び目不変量が紹介されています．本書を読みこなした人へのお勧めです．

［2］ コーリン・C. アダムス（著），Colin C. Adams（原著），金信 泰造（翻訳），
　　　『結び目の数学——結び目理論への初等的入門』，培風館（1998 年 1 月）

結び目にまつわるさまざまな話題が分かりやすく書かれています．結び目に関わるジョーク集まであります．また，巻末に 9 交点までの結び目（8 交点のものが 21 個，9 交点のものが 49 個，ただし，$3_1 \sharp 4_1$ のような合成結び目は除きます）の図が載っていて便利な本です．

［3］ 小林 一章（著），『曲面と結び目のトポロジー——基本群とホモロジー群』，
　　　朝倉書店（1992 年 3 月）

結び目を題材に，代数的トポロジー（図形のつながり方を代数的に調べる数学の一分野）を丁寧に扱った本です．結び目の本というより大学生向けのトポロジー入門書ですね．

［4］ 河内 明夫（著），『レクチャー結び目理論』，共立出版（2007 年 6 月）

近年の結び目理論の話題が多く説明された本です．本格的に結び目理論を勉強したい人は一度手に取ってみてください．

［5］ 河内 明夫，岸本 健吾，清水 理佳（著），『結び目理論とゲーム： 領域選択
　　　ゲームでみる数学の世界』，朝倉書店（2013 年 6 月）

領域選択ゲームという，結び目理論を契機としたゲームについて解説した本です．結び目の幅の広さを味わってください．

　これら以外にも，結び目理論の専門書がいくつか出版されています．中には絶版になっているものもありますが，大学などの図書館に行けば見つかると思います．

　最後に，拙著

［6］　村上 斉（著），『結び目理論入門（上)』，岩波書店（2019 年 12 月)

も挙げさせてください．かなり本格的な結び目理論の教科書です．大学の数学を専門とする学科の 3 年次を終えれば読めるようになると思います．

村上 斉 (むらかみ・ひとし)

略歴

1958年　兵庫県に生まれる.

1981年　京都大学理学部卒業.

1986年　大阪市立大学大学院理学研究科博士課程修了.
　　　　大阪市立大学助手，同助教授，早稲田大学助教授，
　　　　東京工業大学助教授などを経て

現在　　東北大学大学院情報科学研究科教授. 理学博士. 専門は位相幾何学.

著書に『トポロジー入門』(共著, サイエンス社)，『結び目理論入門 (上)』(岩波書店) がある.

結び目のはなし [新装版]

2022 年 1 月 25 日 新装版第 1 刷発行

著　者──────村上 斉

発行所──────株式会社　日本評論社
　　　　　　　〒170-8474　東京都豊島区南大塚 3-12-4
　　　　　　　電話　(03) 3987-8621 [販売]
　　　　　　　　　　(03) 3987-8599 [編集]

印　刷──────藤原印刷

製　本──────牧製本印刷

カバー＋本文デザイン──山田信也 (ヤマダデザイン室)